LEVEL UP

하루 한 권, 실력 향상의 길

고다마 미쓰오 지음

이은혜 옮김

가장 빠르고 효과적으로 실력을 높이는 비결

고다마 미쓰오 (児玉光雄)

1947년 효고현(兵庫縣)에서 태어났다. 교토대학 공학부를 졸업했으며, 학창 시절에는 테니스 선수로 활약해 전일본선수권에도 출전한 경험이 있다. 미국 UCLA에서 공학 석사 학위를 취득했고, 이후 올림픽위원회 객원 연구원으로 일하며 선수의 데이터 분석을 맡았다. 주요 연구 분야는 임상 스포츠 심리학과 체육 방법학이다. 가노야체육대학(鹿屋体育大学) 교수를 거쳐, 오우테몬가쿠인대학(追手門学院大学) 특별고문을 역임하고 있으며, 일본 스포츠 심리학회 회원이자 일본체육학회 회원으로도 활동하고 있다.

약 150권 이상의 도서를 집필했으며, 판매량은 250만 부 이상이다. 국내에 번역된 도서로는 『잘되는 나를 만드는 최고의 습관』, 『비타민 우뇌 IQ』, 『공부의 기술』, 『한 가지만 바꿔도 결과가 확 달라지는 공부법』, 『이치로 사고』 등이 있다.

최하수(23세)

고등학생 시절 전국 고교야구대회 우승을 꿈꿨지만, 실제로는 1학년 여름에 딱 한 번 출전했을 뿐이다. 단 한 번이었지만 전국대회에서 교가를 불렀던 일이 인생 최대의 자랑거리다.

김 부장

마흔 살에 골프를 시작해 매주 연습에 매달리지만, 필드에 나가면 결과는 항상 처참하다. 그때마다 그는 이렇게 말한다.
"연습장에서는 잘 맞았는데……."

이다린

일은 물론 테니스, 골프, 영어, 요리까지 무엇이든 시작하면 단기간에 프로 뺨치는 실력으로 올라서는 29세 여성.

이 책은 당신의 운명을 바꿀지도 모른다. 효과적으로 실력을 높일 수 있는 정보와 요령에 관심이 없는 사람은 없을 것이다. 하지만 실제로 실력 향상을 주제로 삼은 책은 찾아보기 어렵다.

누구나 '실력을 높이는 기술'을 익히고 노력을 거듭하면 한 분야의 달인이 될 수 있다. 포인트는 '올바른 기술'과 '끊임없는 노력'이다. 올바른 기술을 익히고 노력을 게을리 하지 않으면 우리는 누구나 자기 자신도 믿기 힘들 정도의 잠재력을 발휘할 수 있다.

나는 이 책을 통해 과학적 데이터에 근거한 효과적으로 실력을 높이는 방법을 밝히고자 한다. 스포츠 분야에서 최고의 실력을 발휘할 수 있는 구체적인 기술과 연습 방법을 비롯해, 나의 전문 분야인 멘탈 트레이닝에 관한 이야기도 담았다. 그밖에 승부력과 집중력, 기억력, 의욕, 정신력, 창의력을 효율적으로 높이는 기술도 소개한다. 치열한 경쟁 사회에서 여러분이 어깨 펴고 당당히 살아갈 수 있도록 내가 아는 모든 비결을 담았다.

요즘 일본 스포츠계에서 가장 주목받는 선수는 누가 뭐라 해도 메이저리그에서 활약 중인 오타니 쇼헤이(大谷翔平)다. 그가 언젠가 이런 말을 했다.

극기(克己)라는 말은 하기 싫은 것을 억지로 하는 느낌입니다. 저는 그렇지 않습니다. 그저 연습이 좋아서 할 뿐입니다.

오타니를 움직이게 하는 힘은 '더 잘하고 싶다', '좋은 결과를 내고 싶다'는 성장 욕구다. 오타니는 성장 욕구가 굉장히 강한 사람이다.

실력을 높이는 기술을 깨우쳐도 결국 그 일을 좋아하지 않으면 실력은 늘지 않는다. 오타니처럼 일에 애정을 가지고 '성장하고 싶다'는 욕구로 가슴 속을 채워보자. 그 후에 연습이나 공부 혹은 일에 매진해보자. 이것이 달인이 되는 첫 번째 자질이다.

또 한 가지 중요한 자질은 습관이다. 오타니는 일반 사람은 상상조차 할 수 없는 긴 시간 동안 같은 연습을 반복해 타의 추종을 불허하는 양손 투수가 될 수 있었다. 그는 야구에 임하는 자세에 대해 이렇게 말했다.

야구에 관한 생각이 머릿속을 떠난 적이 없습니다. 쉬는 날에도 연습을 하는 걸요. 쉬고 싶지 않습니다.

만약 당신이 실력을 높이는 기술을 익혔다면, 그 다음은 당신의 소중한 자원인 '시간'을 투자해 연습이나 공부 혹은 일을 습관으로 만들어야 한다. 그것이 가장 빨리 실력을 높일 수 있는 지름길이다.

이 책을 통해 깨달음을 얻었다면 나의 또 다른 책들도 읽어보길 바란다. 마지막으로 이 책의 출판과 편집에 힘써주신 과학서적 편집부의 이시이 겐이치(石井顕一) 씨와 귀여운 삽화를 그려주신 니시카와 다쿠(にしかわたく) 씨에게 감사의 마음을 전한다.

고다마 미쓰오

목차

제3장 승자가 되는 기술

제4장 집중력을 높이는 기술

제5장 기억의 달인이 되는 기술

최고의 실력을 발휘하는 기술

독창성을 추구하라

운동선수는 어떤 과정을 거쳐 자신의 능력을 발휘하는지 살펴보자. 오른쪽 페이지에 있는 그림 1에는 인간이 운동 능력을 발휘하는 원리가 정리되어 있다.

먼저 수용기를 통해 외부 자극(정보)이 들어오면 그 자극은 감각신경을 거쳐 중추신경(반사신경)에 전달된다. 이곳에서 순식간에 처리된 정보는 운동신경을 통해 효과기로 전달되고, 상황에 맞는 행동 프로그램이 운동이라는 형태로 출력된다.

그림 2를 참고해 테니스를 칠 때 리시버의 행동을 생각해보자. 리시버는 서브에 반응해 본능적으로 빠르게 움직여야 한다. 이때 선수는 순간적으로 서브 경로와 속도를 파악해 받아내고, 동시에 서버의 움직임을 계산해 어디로 공을 보낼지도 생각한다.

다시 말해 선수는 ①서브를 받아내는 동작을 하는 동시에 ②네트 앞으로 오는 서버의 움직임을 관찰해서 상황에 맞는 가장 적절한 판단을 내린다.

● 개성이 곧 독창성이다

실력이 뛰어난 선수일수록 동시에 여러 작업을 하면서 본능적으로 가장 적절한 판단을 빠르게 내린다. 이것이 일류 선수라면 누구나 가지고 있는 독창성(originality)이다. 교과서에 나오는 기본 지식을 아무리 달달 외워도 독창성이 없으면 절대 일류 선수가 될 수 없다.

이 독창성에 의해서 각자의 개성이 발휘된다. 지나치게 기본 지식에만 의존하면 자신만의 개성이 사라져서 아무리 노력해도 일류 선수 반열에

그림 1 운동 명령의 전달 과정

정보를 처리해 명령을 내린다

감각신경 → 중추신경(반사신경) → 운동신경

정보 전달

명령 전달

수용기 → 효과기

자극

운동

외부에서 들어온 자극은 감각신경을 거쳐 중추신경에서 처리된다. 여기서 처리된 명령은 다시 운동신경을 통해 효과기(근육 등)로 보내진다.

참고: スポーツインキュベーションシステム, 『図解雑学 スポーツの科学』, ナツメ社, 2002.

그림 2 날아온 공을 받아치는 과정

상대가 서브를 넣는다

적당한 곳으로 쳐서 넘긴다

온몸의 근육을 써서 자세를 유지한다

정보 판단

상대가 서브를 넣었다 → 감각신경 → 중추신경 '적당한 곳으로 받아쳐라!' → 운동신경 → 실제로 받아친다

정보

명령

들어갈 수 없게 된다.

일류 선수들은 운동 명령을 전달하는 과정에서 독창성을 발휘해 상대의 허점을 노리거나 주어진 환경에 맞는 최적의 판단을 내린다. 그 판단이 효과기를 통해 최고의 운동 능력으로 발현된다.

다만 개성을 발휘하지 못하는 책임은 선수에게만 있지 않다. 지도하는 코치의 책임이기도 하다. 어떻게 하면 선수가 개성을 발휘할 수 있을지는 선수뿐만 아니라 코치도 함께 고민해야 할 부분이다.

일류 선수들은 반드시 독창성을 겸비하고 있다.

실력 유지의 비결은 반복 연습

　일본의 유명한 야구선수 스즈키 이치로(鈴木一朗)는 타석에 들어서면 오른손을 한 번 휙 돌리고, 왼손으로 오른쪽 어깨의 유니폼을 잡아당겨 준비 자세를 취한다. 이치로는 이 루틴 동작을 매번 반복하면서 자연스럽게 경기에 집중한다.

　이치로의 뇌도 공이 투수의 손을 떠나는 순간부터 바쁘게 돌아간다. 그림 3에서 볼 수 있듯 이치로의 눈으로 들어온 공의 움직임은 즉시 시각영역에 전해진다. 그러면 측두연합영역에서 이 정보를 공이라고 판단하고, 두정연합영역에서 공의 위치를 파악해 그 정보를 다시 전두연합영역으로 보낸다. 여기서 야구 배트를 휘두를지 말지를 결정한다. 결정된 정보는 운동연합영역에서 운동영역과 그 옆에 있는 체성감각영역으로 보내지고, 공을 치기 위한 스윙 프로그램이 근육에 전달되면 근육이 프로그램에 따라 움직인다. 당연히 프로그램의 정밀도가 높으면 안타를 치고 그렇지 못하면 빗나간다.

　이치로나 그와 비슷한 실력의 선수, 더 넓게는 동네 야구를 즐기는 아마추어 타자도 기본적으로는 이와 같은 원리가 동일하게 작용한다. 정밀도에서 차이가 날 뿐이다.

● 정밀도가 높은 기술을 유지하려면 반복 연습은 필수

　하지만 천하의 이치로라도 매일 야구 배트 잡고 연습하지 않으면 정밀도가 떨어지기 마련이다. 일본 이화학연구소의 실험 결과에 따르면 대략적인 스윙 기억은 대뇌피질에 분산해서 저장하는 장기기억으로 남지만, 세세한 기술은 장기기억으로 정착되기 어려워 매일 연습하지 않으면 기억에 남지 않는다고 한다. 즉 이치로의 정밀한 스윙은 '배트를 다루는 능력을 극한까지 끌어올리겠다'는 이치로의 의욕과 꾸준한 연습으로 유지되고 있는 것이다.

뒤에서 다시 설명하겠지만 실력을 높이는 최고의 비결은 누가 뭐라 해도 '반복 연습'이다. 스포츠 과학이 계속 발전한다 해도 반복 연습의 중요성은 변하지 않는다. 아무리 과학이 발전해도 고난도의 기술을 유지하려면 매일 반복해서 연습하는 수밖에 없다. 반복 연습의 중요함을 깨달은 운동선수만이 일류가 될 수 있다는 기본 원칙은 영원히 변하지 않을 것이다.

다만 반복 연습에도 효율적인 방법이 존재한다. 내가 지난 40년간 쌓아온 코칭 경험을 돌아보면 그저 반복하기만 하는 연습은 실력을 높이기는커녕 오히려 떨어트릴 수 있다. 예를 들면 지도자가 반복 연습으로 무엇을 얻고자 하는지 선수에게 정확히 말하지 않고, 무조건 목표 횟수만 채우게 하는 연습은 효율적이지 않다.

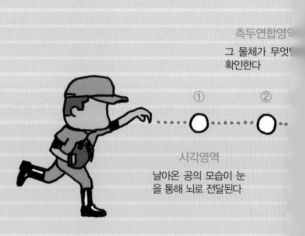

측두연합영역
그 물체가 무엇인지
확인한다

① ②

시각영역
날아온 공의 모습이 눈
을 통해 뇌로 전달된다

이른바 '달인'이라 불리는 사람은 기술을 매일 반복해서 훈련하기 때문에 고난도의 기술을 유지할 수 있다.

그림 3 야구 배트를 휘두르기까지 이치로의 뇌 속에서 일어나는 과정

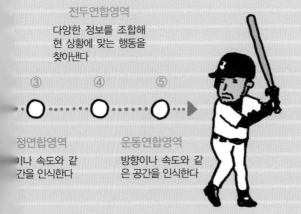

전두연합영역

다양한 정보를 조합해
현 상황에 맞는 행동을
찾아낸다

③   ④   ⑤

정연합영역

이나 속도와 같
간을 인식한다

운동연합영역

방향이나 속도와 같
은 공간을 인식한다

모든 상황에 대응할 수 있도록
다양한 경험을 쌓아라

남자 프로 테니스 선수가 친 서브는 시속 200킬로미터를 넘는다. 뇌 속에서 어떤 작용이 일어나기에 리시버는 이 공을 멋지게 받아칠 수 있을까? 서버가 공을 친 순간 리시버는 공의 속도와 궤도, 회전 방향까지 파악해서 공이 어디로 날아올지 예측한다.

앞에서 언급했듯 이치로가 배팅할 때 공의 정보는 '시각영역→측두연합영역→두정연합영역→전두연합영역→운동연합영역→운동영역'으로 이동하고, 마지막에 공을 치는 프로그램으로 출력된다. 아마추어 선수와 비교하면 테니스 챔피언의 뇌에서 출력된 프로그램은 전달 속도나 품질 수준이 훨씬 뛰어나다.

이때 리시버는 운동영역 옆에 있는 '체성감각영역'으로도 동시에 정보를 보내 바로 움직일 수 있도록 준비한다. 리시버의 뇌는 공이 서버의 라켓에서 떨어지는 순간, 뇌에 저장되어 있던 과거의 경험치와 비교해 공이 날아올 경로와 시간을 예측한다. 그 정보가 체성감각영역에 도달하면 적합한 동작 프로그램이 출력된다. 세계적인 테니스 대회인 윔블던의 챔피언은 여러 뇌 영역의 연합작전을 통해 이와 같은 일련의 동작을 정확히 예측해서 멋지게 공을 받아낸다.

● 경험이 많을수록 대응 가능 범위는 넓어진다

실제 게임에서 수많은 서브를 받아내다 보면 프로그램의 정보량은 자연히 늘어난다. 뇌의 피드백 기능이 작용해 프로그램의 정밀도도 점점 개선된다. 다시 말해 선수의 경험치가 늘어날수록 프로그램 저장고에 보관련 정보량이 늘어나고, 그 정보를 바탕으로 서버가 친 다양한 서브에 대응할 수 있게 된다.

일반적인 아마추어 선수가 구사하는 리턴 유형이 수십 가지라고 한다면 윔블던 챔피언이 구사하는 리턴 유형은 수백 가지는 될 것이다. 날아온 공의 유형이 전부 다르기 때문에 공을 받아치는 프로그램의 수도 거의 무한대라 할 수 있다.

일류 선수는 보통 뇌와는 다른 작은 사령탑인 '마이크로 브레인'이 신체 각 부위에 분산되어있는 것 같은 플레이를 선보인다. 그들의 신체를 조종하는 부분은 뇌지만, 끊임없는 연습을 통해 몸이 기술을 발전시킨다.

오랜 연륜을 쌓은 사람에게 이기기 어려운 이유는 경험의 차이 때문이기도 하다.

소뇌가 기억할 때까지 연습하라

　스포츠 실력을 높이는 과정에서 작용하는 뇌의 기능을 살펴보자. 스포츠 신체 운동은 대부분 본인의 의지로 움직임을 제어하는 '자발적 운동'이다. 만약 당신이 축구를 하고 있다면 눈앞의 상황에 빠르게 대처해 어떻게 움직일지 순간적으로 정해야 한다.

　무의식적으로 내린 판단이든 의식적으로 내린 판단이든, 당신이 본능적으로 선택한 최적의 프로그램이 신체 운동으로 출력된다. 감각을 통해 외부 정보가 입력되면 당신은 그 정보에 적합한 운동 프로그램을 선택해서 운동영역으로 보내고, 관련된 운동 뉴런이 반응해 신체 운동으로 출력한다.

　이 과정에서 운동 능력이 안정적일수록 '소뇌'나 '대뇌핵'이 큰 역할을 담당한다. 이에 대해선 그림 4를 참고할 수 있다. 소뇌는 타이밍을 조절하고 대뇌핵은 최대한 자연스러운 운동 프로그램을 출력한다.

　전두연합영역이 날아온 공을 보고 '차야 한다'라고 판단하면 그 신호가 바로 대뇌핵에 전달되고, 고난도의 기술을 펼치는 운동 프로그램이 자동으로 출력된다. 테니스라면 선수는 날아온 공을 땅에 한 번 튀게 해 스트로크로 처리할 것인지, 네트 앞으로 가서 발리로 처리할 것인지를 결정한다. 또는 순간적으로 포핸드로 할지, 백핸드로 할지 결정해서 자동으로 가장 적합한 운동 프로그램을 출력한다.

　감탄을 자아내는 플레이를 보여주는 운동 프로그램은 대부분 완성된 형태로 뇌 안에 저장되어 있다. 즉 실제 스포츠 현장에서 뇌는 이미 변경할 필요가 없는 완성된 운동 프로그램을 출력할 뿐이다.

그림 4 운동 명령이 전달되는 원리

날아온 축구공을 받아치기까지 정보가 이동하는 과정

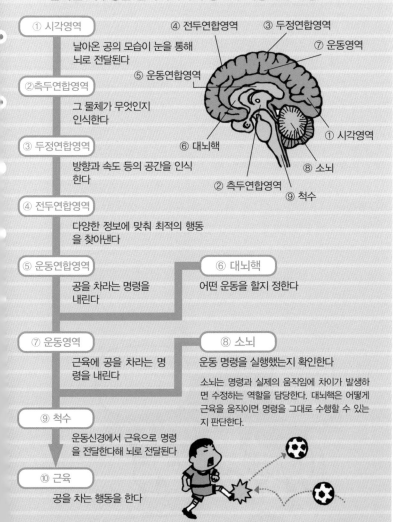

① 시각영역

날아온 공의 모습이 눈을 통해 뇌로 전달된다

②측두연합영역

그 물체가 무엇인지 인식한다

③ 두정연합영역

방향과 속도 등의 공간을 인식한다

④ 전두연합영역

다양한 정보에 맞춰 최적의 행동을 찾아낸다

⑤ 운동연합영역

공을 차라는 명령을 내린다

⑥ 대뇌핵

어떤 운동을 할지 정한다

⑦ 운동영역

근육에 공을 차라는 명령을 내린다

⑧ 소뇌

운동 명령을 실행했는지 확인한다

소뇌는 명령과 실제의 움직임에 차이가 발생하면 수정하는 역할을 담당한다. 대뇌핵은 어떻게 근육을 움직이면 명령을 그대로 수행할 수 있는지 판단한다.

⑨ 척수

운동신경에서 근육으로 명령을 전달한다해 뇌로 전달된다

⑩ 근육

공을 차는 행동을 한다

그림 내 라벨: ④ 전두연합영역 ③ 두정연합영역 ⑦ 운동영역 ⑤ 운동연합영역 ① 시각영역 ⑥ 대뇌핵 ⑧ 소뇌 ② 측두연합영역 ⑨ 척수

출처: 高島明彦 監修, 『面白いほどよくわかる脳 のしくみ』 日本文芸社, 2006.

21

● 고난도의 운동 프로그램은 소뇌에 저장된다

이 분야는 최첨단 연구가 진행되고 있지만 여전히 밝혀지지 않은 부분이 많다. 다만 고난도의 플레이를 선보이는 운동 프로그램이 소뇌에 저장되는 것은 확실한 듯하다. 물론 스포츠뿐 아니라 악기 연주나 춤 같은 예술 분야에도 소뇌나 대뇌핵이 관여한다.

그중에서도 특히 체조나 하이다이빙의 국가대표 선수들이 보유한 기술은 이미 완성형이라 변경할 필요가 없다. 적어도 이런 프로그램들이 처음에 신피질에서 만들어진 후에 소뇌로 이동하는 것은 확실한 듯하다. 따라서 숙련된 운동선수일수록 소뇌에 저장된 운동 프로그램의 수가 많을 것이다.

그렇다면 소뇌에 훌륭한 운동 프로그램을 더 많이 저장하려면 어떻게 해야 할까? 답은 하나다. 연습을 거듭해서 완벽한 실력을 완성하는 수밖에 없다. 야구 선수 오타니 쇼헤이나 피겨스케이팅 선수 하뉴 유즈루(羽生結弦)도 뼈에 새겨질 만큼 연습을 반복했기 때문에 멋진 운동 프로그램을 완성할 수 있었다.

다만 체력이 받쳐주지 않아 저장한 기술을 활용하지 못하는 일도 있다.

미숙함은 강한 힘으로,
약한 힘은 노련한 기술로 보완하라

스포츠 세계에는 크게 두 종류의 챔피언이 존재한다. 바로 강한 선수와 노련한 선수다. 강한 선수의 대표적인 예로는 2018년 전미 오픈과 2019년 호주 오픈 여자 싱글 부문에서 2연승을 달성한 테니스 선수 오사카 나오미(大坂なおみ)가 있다. 오사카는 시속 180킬로미터 이상의 강한 서브와 빠른 스트로크로 상대 선수를 제압하고 잇따라 승리를 거머쥐었다.

주목할 만한 경기는 2018년 BNP파리바 오픈 준결승이다. 상대는 당시 세계 랭킹 1위였던 루마니아의 시모나 할렙(Simona Halep)였는데, 6:3 그리고 6:0으로 압승을 거뒀다. 오사카는 타고난 힘에서 나오는 강력한 샷으로 할렙을 완벽하게 제압했다.

한편 피겨스케이팅 선수 기히라 리카(紀平梨花)는 빙판 위의 기술이 다른 선수와 비교가 안 될 만큼 뛰어났던 덕분에 세계 최고 수준의 선수들과 어깨를 나란히 할 수 있었다. 기히라의 기술은 확실히 강한 힘보다는 노련한 기술에 중점이 맞춰져 있다.

모든 스포츠가 다 그렇다고는 할 수 없지만, 역도나 단거리 육상과 같이 단시간에 절대적인 기록을 겨루는 스포츠에서는 강한 힘이, 피겨스케이트나 체조와 같이 심판이 점수를 매기는 스포츠에서는 노련한 기술이 평가 기준이 되는 경향이 있다. 득점을 다투는 구기종목은 그 중간에 있다. 다시 말해 테니스나 축구 선수에게는 페인트 동작과 같이 고난도의 기술을 구사할 수 있는 노련한 기술뿐만이 아니라, 서브 득점이나 장거리 슛을 노릴 수 있는 강한 힘도 필요하다.

● 운동의 두 가지 종류

전문적인 운동은 동적인 활동과 정적인 활동으로 나눌 수 있다. 이 기준에 맞춰 그림 5에 대표적인 스포츠들을 분류해 놓았다. 동적인 활동이란 근육의 길이와 관절의 각도는 크게 변하지만 근육 자체는 큰 힘을 내지 않는 스포츠를 의미한다. 반면 정적인 활동은 근육의 길이와 관절의 각도는 그다지 변하지 않지만 근육 자체가 내는 힘이 큰 스포츠를 말한다.

거의 모든 스포츠를 이 두 가지로 분류할 수 있다. 당신이 하루라도 빨리 실력을 높이고 싶다면 우선 본인에게 잘 맞는 유형(강한 힘, 노련한 기술)의 스포츠를 선택해야 한다.

그렇다면 힘이 약한 사람은 강한 힘을 가진 사람에게, 실력이 미숙한 사람은 노련한 기술을 구사하는 사람에게 절대 이길 수 없을까? 그렇지 않다. 미숙함은 강한 힘으로 어느 정도 보완할 수 있고, 부족한 힘은 노련한 기술로 어느 정도 대응할 수 있다.

예를 들어 서브의 속도가 시속 200킬로미터인 테니스 선수 A가 있다고 하자. A 선수는 첫 번째 서브에서 성공할 확률이 고작 50퍼센트지만, 성공하면 90퍼센트는 서브 득점으로 이어진다. 반면 또 다른 선수 B는 서브 속도는 시속 150킬로미터 정도지만 첫 번째 서브에 성공할 확률이 80퍼센트다. 다만 서브에 성공해도 서브 득점으로 이어질 확률은 20퍼센트 정도다. 여기서 A 선수가 강한 선수고 B 선수가 노련한 선수다.

득점이라는 관점에서 보면 A 선수는 노련함은 없지만 강한 힘으로 점수를 뺏어올 확률이 높다. 반면 B 선수는 힘은 강하지 않지만 노련한 기술로 취약한 부분을 보완한다.

그림 5 동적인 스포츠와 정적인 스포츠

	동적인 활동(약)	동적인 활동(중)	동적인 활동(강)
정적인 활동(약)	당구, 볼링, 크리켓, 컬링, 골프, 소총	야구, 소프트볼, 테니스(복식), 배구	배드민턴, 크로스컨트리(클래식), 필드하키, 오리엔티어링, 경보, 장거리, 육상, 축구, 스쿼시, 테니스(단식)
정적인 활동(중)	양궁, 자동차경주, 다이빙, 마술(馬術), 모터사이클	펜싱, 높이뛰기, 피겨스케이팅, 미식축구, 로데오, 럭비, 단거리 육상, 서핑, 싱크로나이즈드 스위밍	농구, 아이스하키, 크로스컨트리(프리), 오스트레일리안 풋볼, 라크로스, 중거리 육상, 수영, 핸드볼
정적인 활동(강)	봅슬레이, 던지기, 체조, 가라테/유도, 루지, 요트, 암벽등반, 수상스키, 역도, 윈드서핑	보디빌딩, 알파인 스키, 레슬링	복싱, 카누/카약, 경륜, 10종 경기, 보트, 스피드스케이팅

통틀어 스포츠라고 하지만 신체를 쓰는 방법은 제각각이다. (ミッチェル ら, 1994)

미숙한 기술은 강한 힘으로, 부족한 힘은 노련한 기술로 어느 정도 보완할 수 있다.

1-6

힘, 공간, 시간을 완벽하게 제어하라

기술은 우리 몸의 에너지와 운동 능력을 이어준다. 테니스 선수는 팔 힘이 아무리 좋아도 기술이 없으면 시속 200킬로미터로 날아오는 서브를 받아칠 수 없다. 물론 빠른 속도로 날아오는 공을 힘으로 받아쳐서 상대방 코트로 넘길 수도 있지만, 그런 일이 일어날 확률은 고작 10번에 한 번 정도다. 힘이 약한 12살의 테니스 초등부 챔피언도 시속 180킬로미터로 날아오는 서브를 어렵지 않게 받아친다. 즉 힘이 약해도 기술이 있으면 뛰어난 운동 능력을 발휘할 수 있다.

● 신체의 움직임을 제어하는 세 가지 요소

이쯤에서 신체의 움직임을 제어하는 세 가지 요소에 대해서 간단히 살펴보자.

①힘-힘을 어디에 얼마나 쓸 것인가
②공간-신체 어느 부분의 근육을 사용할 것인가
③시간-어느 타이밍에 어떤 기술을 쓸 것인가

이 세 가지 요소가 적절하게 맞물려야 비로소 뛰어난 능력이 발휘된다. 먼저 '힘'이 어떻게 신체의 움직임을 제어하는지부터 살펴보자. 야구에서 투수는 공을 정확하고 빠르게 던져야 한다. 하지만 빠르면서 정확하기란 쉬운 일이 아니다.

그런데도 프로야구 선수들은 시속 140킬로미터로 공을 던져 스트라이크를 잡아낸다. 아마추어 투수도 체격이 좋으면 시속 140킬로미터의 속

· 그림 6 신체 각 부위를 제한했을 때 공의 속도에 미치는 영향 ·

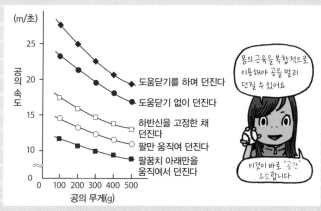

신체의 각 부위를 자유롭게 사용할수록 공의 속도가 빨라진다.

출처: 德永幹雄・田口正公・山本勝昭, 『Q&A実力発揮のスポーツ科学』, 大修館書店, 2002.

· 그림 7 테니스의 서브 동작에서 신체 각 부위의 대응 시점 ·

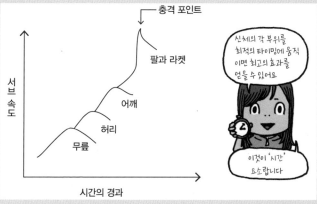

신체의 각 부위를 순서대로 움직일수록 서브의 속도가 올라간다. 이것이 바로 '시간'을 통한 신체 제어다.

도로 공을 던질 수 있지만 스트라이크가 나올 확률은 훨씬 낮다. 다시 말해 힘이 좋으면 일류 선수와 아마추어 선수 모두 같은 속도의 공을 던질 수는 있지만, 힘을 조정하는 능력에 결정적인 차이가 존재한다.

그림 6은 신체 각 부위에 제한을 두고 공을 던졌을 때 공의 무게와 속도의 상관관계를 보여준다. 전신을 사용해서 도움닫기까지 하며 던졌을 때 속도가 가장 빨랐다. 이것이 바로 신체의 움직임을 제어하는 '공간' 요소다. 전신을 사용해서 몸을 갈대처럼 유연하게 움직여야 빠른 공을 던질 수 있다.

세 번째 요소는 '시간'이다. 그림 7에서 알 수 있듯이 테니스의 서브 동작은 지면에서 가까운 신체부터 움직여 리듬감 있게 위에서 아래로 효율적으로 힘을 보내야 최적의 효과를 낼 수 있다. 이 또한 중요한 기술이다. 정리하자면 힘과 공간만이 아니라 시간까지 완벽하게 제어해야만 최고 수준의 플레이를 선보일 수 있다.

신체의 움직임을 제어하는 세 가지 요소

실력이 뛰어난 사람은 힘, 공간, 시간을 완벽하게 제어한다.

달인의 네 가지 능력에 주목하라

도쿄대학의 오쓰키 다쓰유키(大築立志) 교수는 '신체 운동의 효과' 연구의 일인자다. 그는 운동 능력을 네 가지로 나눌 수 있다고 주장한다.

① 상황을 파악하는 능력
② 정확하게 움직이는 능력
③ 빠르게 움직이는 능력
④ 지속성

야구의 포구 동작을 생각해보자. 포구 동작을 시간 순서대로 나열하면 A부터 D까지 네 단계로 분류할 수 있다.

A. 공을 확인하고 잡는 동작을 출력할 자극이 발현되는 시간
B. 자극을 받고 잡는 동작이 발현되기까지의 반응 시간
C. 잡는 동작이 발현되면서 공에 접근하기 위해 움직이는 시간
D. 마지막으로 공을 잡기 위해 움직이는 시간

이중 A~C가 ① 상황을 파악하는 능력과 연관이 있다. 이때 선수는 주로 시각에 의존해 정확한 정보를 수집한다. 선수는 수집한 정보를 바탕으로 예측한 공의 낙하지점으로 이동해서 공을 잡는다.

그리고 D에서 ② 정확하게 움직이는 능력이 어느 정도인지 드러난다. 아무리 공의 움직임을 파악하는 능력이 뛰어나도 정확하게 움직이는 능력이 없으면 공을 제대로 받아낼 수 없다.

다음은 ③ 빠르게 움직이는 능력에 관해 생각해보자. 빠르게 움직이는 능력은 단거리 육상이나 수영 경기에서 출발할 때 발휘된다. 테니스에서 서브를 받는 리시버나 축구에서 페널티킥을 막는 골키퍼에게도 이 능력이 필요하다. 물론 이런 단순한 움직임뿐 아니라 페인트와 같이 유연성이 요구되는 움직임에도 이 능력이 필요하다. 축구처럼 상대와 맞붙는 경기는 날렵하게 움직여서 상대의 허점을 파고들어야 하기 때문이다.

마지막으로는 ④ 지속성이 있다. 오랜 시간 긴장을 유지해야 하는 시합에서는 잠시 집중력이 흐트러지는 순간 승리를 놓치기도 한다. 그래서 신체적인 힘뿐만이 아니라 집중력을 유지하는 힘도 필요하다. 오쓰키 교수의 이론을 바탕으로 운동 능력을 정리해본 바에서 알 수 있듯이 어느 분야든 결국 이 네 가지 능력이 뛰어나야 달인이 될 수 있다.

달인에게 필요한 네 가지 능력

1. 상황을 파악하는 능력

2. 정확하게 움직이는 능력

3. 빠르게 움직이는 능력

4. 지속성

시행착오를 두려워하지 마라

1-1에서도 설명했지만 스포츠 실력을 높이려면 반드시 독창성 (originality)이 필요하다. 일류 선수와 보통 선수의 차이는 바로 독창성에 있다.

축구 용어 중에 일반적으로 공격수에게 붙여지는 호칭으로, '판타지스타(Fantasista)'라는 말이 있다. 네이마르나 호날두 같은 선수가 대표적인 판타지스타다. 스포츠 경기는 대부분 경기 시간이 정해져 있다. 경기 시간 중 득점 기회가 주어지는 시간은 불과 1초도 되지 않는다. 관중들은 판타지스타가 그 기회를 놓치지 않고 주어진 상황에서 최고의 플레이를 보여주길 기대한다. 그래서 반드시 독창성이 필요하다.

스포츠 경기장에서 발휘되는 독창성에는 크게 두 가지 요소가 있다. 첫 번째는 '기술의 독창성'이다. 축구로 예를 들면 안정된 상황에서 펼치는 기술과 경기 상황에 좌우되지 않는 기술, 그리고 기술적 요소가 필요한 플레이를 꼽을 수 있다. 이런 요소를 다른 말로 '폐쇄기술'이라고 하는데, 대표적으로 공을 차는 기술 중의 하나인 페널티킥이 있다. 페널티킥 기술은 연습을 통해 능력을 향상시킬 수 있는데, 심지어 혼자서 훈련할 수도 있는 기술이다. 묵묵히 갈고 닦아 자신만의 독창성 있는 특기로 만들 수 있다.

두 번째 요소는 '상황의 독창성'이다. 상대의 허점을 노려 파고드는 페인트 기술처럼 시시각각 변하는 상황에서 구사하는 기술, 판단 요소가 많은 플레이가 여기에 해당한다. 다른 말로 '개방기술'이라고도 하며, 눈 깜짝할 사이에 지나가는 기회를 잡아서 바늘구멍 통과하기보다 어렵다는 득점으로 연결할 때 가장 필요한 기술이다. 이 기술은 실제 경기를 통해서만 높일 수 있다.

특히 상황의 독창성은 어려운 경기를 뛸수록 좋아진다. 쉽게 말해 많은 경험을 쌓아야 얻을 수 있는 기술인 셈이다. 기술의 독창성에 상황의 독창성까지 얹어져야 비로소 슈퍼 플레이어가 될 수 있다.

● 피드백 기능을 100퍼센트 활용하라

슈퍼 플레이어가 되려면 구체적으로 어떻게 해야 할까? 경기를 뛸 때 우리의 신체에는 다음과 같은 원리가 작용한다.

① 순간적으로 눈앞에 있는 정보를 받아들인다.
② 그 정보를 소화해 의사 결정을 내린다.
③ 결정한 프로그램을 실행한다.
④ 결과를 피드백 한다.

축구를 예로 들자면 선수는 시각, 청각, 촉각을 이용해서 자신이 잡은 공의 위치, 선수들의 위치, 자신이 놓여 있는 상황 등을 파악해(개방기술) 그에 맞는 킥을 결정한다. 물론 이때 뇌 안에 저장되어 있던 '과거의 기억'과도 빠르게 대조해본다. 그렇게 결정한 프로그램이 근육으로 보내지면 선수의 플레이로 발현된다. 그리고 그 플레이 결과가 자연스럽게 피드백으로 돌아온다.

따라서 시행착오(Try & Error)를 많이 겪을수록 더 빨리 실력을 올릴 수 있다. 개방기술뿐만이 아니라 폐쇄기술에서도 피드백 기능은 100퍼센트 활용해야 한다. 프로세스를 반복하는 과정을 통해 기술이 향상되기 때문이다.

그러므로 미숙한 플레이라도 묵묵히 경험을 쌓아나가며 가능한 많은 시행착오를 겪어야 한다. '공을 이렇게 찼더니 잘됐다', '이런 느낌으로 멈췄더니 공이 원하는 대로 섰다'라는 식으로 다양한 경험을 차곡차곡 쌓아야 뛰어난 신기술이 자연스럽게 뇌에 저장된다.

실력을 높이고 싶다면 피드백 기능을 활용하라

자신이 익힌 모든 기술에 대한 피드백을 확인하며 점점 더 발전시켜 나가야 한다.

COLUMN 1

실력 향상의 지름길 이미지 트레이닝

나는 지난 25년간 많은 프로 스포츠 선수의 멘탈 트레이닝을 담당해왔다. 이미지 트레이닝은 그 과정의 하나로 스포츠뿐만이 아니라 비즈니스나 학업 분야에서도 효율적으로 실력을 높일 수 있는 트레이닝 방법이다.

이미지 트레이닝은 '머릿속으로 될 수 있는 한 사실에 가깝게 실제 장면을 그려서 가상 체험을 하는 훈련법'이다. 특별한 도구 없이도 언제 어디서나 할 수 있는 매우 편리한 훈련법이기도 하다.

먼저 편안한 자세로 의자에 앉는다. 눈을 감고 천천히 호흡하면서 이마 앞에 가상의 스크린이 있다고 상상하고 실제 장면을 떠올린다. 처음에는 떠올릴 대상의 사진을 앞에 붙여놓는 방법이 도움된다.

이미지 트레이닝에서 중요한 점은 극도의 긴장으로 몸이 굳어버릴 것 같은 장면을 떠올리고 그 상황을 훌륭하게 헤쳐나가는 상상을 하는 것이다. 스포츠라면 접전 상황에서 이기는 장면을, 영업이라면 힘들게 고생하다가 계약을 따내는 장면을, 학업이라면 어려운 문제가 풀리는 장면을 떠올린다.

물론 편안한 순간을 상상하는 것도 이미지 트레이닝의 중요한 요소다. 천천히 호흡을 가다듬으며 아래에 설명한 장면을 머릿속으로 그려보자.

당신은 지금 여름의 햇살을 받아 반짝이는 해변에 있다. 해변을 산책해보자. 뜨겁게 데워진 모래의 감촉이 발바닥에 느껴진다. 잔잔한 파도가 밀려와 차가운 느낌이 발을 감싸면 기분이 편안해진다.

하루에 세 번, 한 번에 5분씩, 매일 이미지 트레이닝을 해보자. 스포츠, 일, 공부 어떤 일이든 어느새 실력이 눈에 띄게 향상돼 있을 것이다.

제2장

결과를 내는 연습의 기술

연습을 통해 성공적인 플레이의
재현성을 높여라

상대와 승부를 겨루는 대인(對人) 스포츠가 아니라 멈춰있는 공을 치는 골프 같은 대물(對物) 스포츠를 할 때는 뇌의 어떤 영역이 작용할까? 골프뿐만 아니라 컬링, 볼링, 야구의 투수도 대인 스포츠 선수와 마찬가지로 기존에 저장된 기억을 사용해 탁월한 운동 능력을 발휘한다.

먼저 골프를 생각해보자. 골프를 칠 때 뇌 속에서 일어나는 작용은 앞서 설명했던 테니스의 리시브와는 조금 다르다. 티샷을 칠 때 플레이어는 공을 티(tee)에 올려놓고 공의 뒤쪽에서 공이 날아갈 궤도를 예측해본다. 이 정보는 이미 뇌 속에 저장되어 있어 머릿속 스크린에 선명하게 재생된다. 예측이 끝나면 운동영역, 체성감각영역을 비롯한 여러 영역이 동시에 움직이며 이 샷을 칠 운동 프로그램을 출력한다.

● 목표는 나이스 샷의 재현

테니스의 리시브 동작과 달리 골프의 풀샷 동작은 출력할 수 있는 프로그램의 수가 그다지 많지 않다. 다만 약간의 프로그램 오차가 실수로 이어질 수 있어 안정된 샷을 치려면 정확한 재현성이 필요하다. 골프 해설집이나 골프 잡지를 보면 스윙에 관한 이론은 셀 수 없이 많다. 성적이 부진하면 아마추어 선수는 물론 프로 선수들도 바로 스윙법 개선에 들어간다. 하지만 스윙법을 개선한다고 반드시 실력이 늘지는 않는다. 스윙법을 바꾸려다 오히려 더 나빠지기도 한다.

따라서 실력을 높이려면 스윙법을 개선하기보다는 스윙의 재현성을 높여야 한다. 골프 연습장에서 묵묵히 공을 치는 연습을 반복하는 이유도 스윙법을 개선하기 위해서가 아니라 스윙의 재현성을 높이기 위해서여야 한다. 골프는 자신의 모든 실력을 스스로 제어할 수 있는 대표적인 스포츠다. 한 번 나이스 샷을 치면 그 샷을 재현해서 다시 나이스 샷을 칠 수 있다. 그러니 연습장에서의 연습은 자신의 스윙법을 굳히는 시간이라 생각해야 한다.

또한 새로운 스윙법을 익혔다고 해도 그 방법을 온전히 제 것으로 만들려면 엄청난 양의 연습이 필요하다. 그러니 이미 익힌 스윙법을 바꾸기보다는 오차를 최소한으로 줄이는 노력을 하는 편이 낫다.

일정 수준의 플레이를 유지하는 것이 일류 선수의 특징이다.

주어진 상황에 유연하게 대처하라

'운동신경이 좋다'는 말은 무슨 의미일까? 나는 단순히 빨리 달리고, 가르쳐주지 않아도 잘하는 능력뿐 아니라 벌어진 상황에 맞춰 최적의 플레이를 하는 능력이라고 생각한다.

2019년에 일본에서 개최했던 메이저리그 개막전을 끝으로 아쉽게도 야구장을 떠난 이치로가 전설이 된 이유는 높은 타율에 있다. 이치로가 28년간 프로야구 선수로 뛰면서 기록한 평균 타율이 일본에서는 35.3퍼센트, 메이저리그에서는 31.1퍼센트였다. 다른 선수들의 평균 타율은 25퍼센트 정도다. 다른 선수들이 야구 배트를 네 번 휘둘러야 안타 하나를 쳤다면 이치로는 세 번에 한 번은 안타를 쳤다는 말이다.

● 상황 판단 능력이 뛰어난 이치로

이치로는 어떻게 다른 선수보다 안타를 많이 칠 수 있었을까? 쉽게 설명하면 이치로가 주어진 상황을 판단하는 능력이 다른 선수보다 압도적으로 뛰어났기 때문이다. 다시 말해 스포츠 실력을 높이고 싶다면 제한된 시간에 상황을 파악하고 유연하게 대처하는 능력을 키워야 한다는 뜻이다.

이치로는 상대 투수의 과거 데이터에는 별로 관심이 없었다고 한다. 그는 투수의 실수를 노려 공을 치는 것이 아니라 투수가 던진 최고의 투구를 쳐내야 한다고 생각했다. '상대의 베스트 투구를 쳐낼 수 있다면 실수한 공이야 당연히 칠 수 있다'는 발상이었고, 이런 발상은 주어진 상황에 맞춰 최적의 플레이를 하는 능력을 확실하게 높여주었다.

운동신경에는 선천적인 부분과 후천적인 부분이 있다. 선천적으로 속근섬유가 많은 선수는 단거리 육상에 적합하고, 지근섬유가 많은 선수는 장거리 육상에 적합하다. 이치로는 선천적으로도 야구에 소질이 있었지만, 그렇다고 이치로와 비슷한 수준의 선천적 소질을 가진 야구선수가 드문가 하면 그렇지도 않다.

따라서 운동선수로 성공하려면 후천적인 운동신경이 필요하다. 즉 이 책에서 '상황 판단'이라고 부르는 주어진 상황에 따라 적절한 판단을 내리고, 이에 근거해 최적의 플레이를 구사하는 능력이 필요하다.

요리의 달인은 냉장고에 있는 재료만 가지고도 멋진 요리를 만들어낸다.

타고난 소질이 없어도 승자가 될 수 있다

테니스를 배우는 사람을 보면 고작 몇 시간만에 금세 나이스 샷을 쳐내는 사람이 있는가 하면, 몇 년째 쉬지 않고 강습을 받아도 좀처럼 실력이 늘지 않는 사람도 있다. 스포츠 소질은 타고나는 것일까? 확실히 특정 스포츠에 적합한 사람과 그렇지 않은 사람은 있다. 하지만 나는 모든 스포츠를 소화하는 운동신경을 가진 사람은 없다고 생각한다.

프로 농구의 전설적인 선수 마이클 조던은 모두가 인정하는 운동신경이 발달한 사람이다. 하지만 그가 타의 추종을 불허하는 소질을 발휘했던 분야는 농구뿐이다. 한때 메이저리그에 도전한 적이 있었지만, 결국 2부 리그만 전전했고 일류 야구선수 반열에는 오르지 못했다. 또한 윔블던 테니스 대회를 제패한 챔피언 중에 물에만 들어가면 맥주병인 선수도 있다.

나는 이런 특성을 '스포츠의 특이성'이라고 부른다. 아무리 운동신경이 발달했어도 두 종류의 스포츠 경기에서 세계 최고 자리에 군림하는 일은 불가능에 가깝다. 아이의 신체 능력과 운동 능력이 가장 활발하게 발달하는 시기인 9세부터 12세까지를 '골든에이지'라고 하는데, 이 시기에 운동을 경험하지 않았던 선수는 타고난 소질이 있어도 일류 선수까지 올라가기 어렵다.

테니스 챔피언 안드레 애거시(Andre Agassi)와 슈테피 그라프(Stefanie Graf) 사이에서 태어난 아이는 훈련만 잘 받으면 다른 아이들보다 세계 챔피언이 될 확률이 압도적으로 높다. 하지만 아무리 테니스에 뛰어난 소질을 가졌다고 해도 어린 시절에 적절한 경험을 쌓지 않으면 테니스 선수로 성공할 수 없다. 바꿔 말하면 타고나지 않아도 골든에

이지 시기에 다양한 스포츠를 경험하면 운동신경을 키울 수 있다는 말이다.

● 타고난 사람은 의외로 실력이 늘지 않는다

소질을 타고난 사람과 그렇지 않은 사람의 학습 수준을 비교한 데이터가 있다. 그림 8의 이 데이터를 보면 소질을 타고난 사람은 단기간에 실력이 빠르게 향상하지만 그만큼 정체기도 빨리 온다. 반면 그렇지 못한 사람은 초기에는 실력이 잘 늘지 않지만 꾸준히 노력하는 사이에 서서히 실력이 늘어 결국 소질을 타고난 사람을 따라잡는다.

챔피언 중에도 소질을 타고나지 못한 만성형 선수가 의외로 많다. 개인적으로는 재능이 약간 부족한 사람이 오히려 대성할 가능성이 크다고 생각한다. 현재 최고의 남자 테니스 선수로 활약하는 라파엘 나달(Rafael Nadal)은 주니어 시절에 네트 플레이와 백핸드 스트로크에 서툴렀다고 한다. 하지만 훈련을 거듭해 자신의 특기인 탁월한 서브와 강력한 포핸드 스트로크 기술을 완성했고, 이를 무기로 자신의 단점을 보완했다.

나달은 특기로 약점을 보완해 위대한 프로 테니스 선수 반열에 들어섰다. 만약 나달이 네트 플레이나 백핸드 스트로크를 조금만 더 잘했다면 어쩌면 그는 지금과 같은 훌륭한 선수가 못 되었을 것이다.

스포츠에서 타고난 운동신경을 이길 수 있는 것은 없다. 하지만 성공은 운동신경 하나만으로 결정되지 않는다. 오히려 운동신경이나 체격이 약간 떨어지는 편이 나을 때도 있다. 자신의 부족한 부분을 인지하고 꾸준히 노력하는 선수만이 큰 성공을 거머쥘 수 있다.

· 그림 8 소질이 있는 사람과 소질이 없는 사람의 연습 곡선 ·

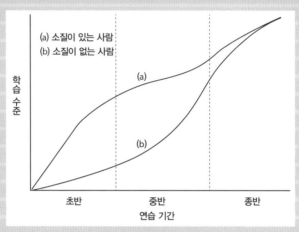

소질이 있든 없든 결국 마지막에는 같은 수준에 도달한다.

출처: 末利博·柏原健三·鷹野健次 編集,『スポーツの心理学』, 福村出版, 1988.

'뭐든 적당히 잘하는 사람'은 자칫하면 성공하지 못해요.

처음에는 어설퍼도 꾸준히 노력하는 사람이 마지막에 승리하는 법이거든요!

타고난 소질을 가졌다고 방심해서는 안 된다.

반복 연습으로
환경 적응 능력을 키워라

실력을 높이는 방법을 논할 때 빼놓을 수 없는 개념이 '행동 유도성(affordance)'이다. 행동 유도성은 지각심리학자 제임스 깁스(James Gibbs)가 주장한 이론이다. 일본의 행동 유도성 분야의 선구자인 도쿄대학 교수 사사키 마사토(佐々木正人)의 주장에 따르면 'affordance'라는 단어는 '~를 할 수 있다'는 뜻의 'afford'에서 왔으며, 지각론에 속하는 이론의 하나로 동물의 '환경 적응 능력'을 말한다.

생물학자 찰스 다윈은 지렁이가 왜 땅에 판 구멍의 입구를 막는지 궁금해서 관찰한 적이 있다. 지렁이는 피부의 건조를 막기 위해서 구멍의 입구를 막는다. 이때 상황에 맞춰 나뭇잎, 깃털, 작은 가지, 꽃잎을 비롯한 다양한 재료를 사용한다.

이 모습을 본 다윈은 이것은 '본능적인 행동이 아니라 의도된 행동'이라는 결론을 내렸다. 즉 지렁이에게도 지성이 있다고 본 것이다.

● 어려운 상황에 적응하는 유연성이 중요하다

사실 우리도 지렁이처럼 평소에 무의식적으로 행동 유도성에 근거한 행동을 한다. 예를 들어 이탈리안 레스토랑에 갔을 때 메뉴판을 보고 자신이 좋아하는 메뉴를 고른다. 이것 또한 행동 유도성에 의한 행동이다.

이탈리안 레스토랑에서 초밥을 주문하는 사람은 없다. 우리는 무의식중에 이탈리안 레스토랑이라는 주어진 환경을 인지하고 행동한다. 이런 행동은 앞서 설명한 지렁이가 주변에 있는 나뭇잎이나 깃털로 구멍을 막는 행동과 놀라울 정도로 비슷하다. 스포츠에도 지렁이가 하는 행동과 마찬가지로 행동 유도성, 즉 환경 적응 능력이 필요하다는 것이다.

골프를 예로 들어 보자. 골프는 '자연과의 싸움'이라고 할 정도로 설계자가 설치해놓은 다양한 함정이 숨어 있다. 이와 같은 어려운 코스를 이겨내는 플레이어는 행동 유도성이 뛰어나다고 볼 수 있다. 이처럼 행동 유도성 이론을 스포츠에 적용해보면 스포츠 실력 향상에서 주어진 환경에 적응할 수 있는 요소가 얼마나 중요한지를 알 수 있다.

사람은 무의식 중에 현재 상황에 적응하려고 하지만, 실력 향상을 위해서는 그 능력을 의식적으로 더 높여야 한다.

몸으로 기억하라

테니스 라켓으로 공을 치는 동작을 생각해보자. 팔이 라켓을 움직여서 공을 친다. 일반적으로 우리는 뇌가 순간적으로 여러 조건을 파악하고 판단해서 공을 치기 위한 최적의 운동 프로그램을 출력하고, 이 프로그램에 따라 팔이 움직인다고 생각한다. 하지만 사실은 그렇지 않다. 러시아의 학자 니콜라이 번스타인(Nikolai Bernstein)은 약 80년 전에 "운동은 중앙제어 시스템이라는 모델이 원리적으로 성립할 수 없다. 팔의 움직임을 명령하는 프로그램을 출력하는 것은 뇌가 아니다"고 주장했다.

팔은 속도와 시점까지 고려해서 수백, 수천, 수만 가지 종류의 프로그램을 구사하는 신체 부위다. 팔에는 어깨 관절에 10개, 팔꿈치 관절에 6개, 자뼈(아래팔을 구성하는 뼈) 관절에 4개, 손목 관절에 6개의 근육이 붙어 있다. 뇌의 명령으로 이 근육을 움직이려면 26개나 되는 값을 정해야 한다는 계산이 나온다.

게다가 아무리 적게 잡아도 각 근육에는 100개 이상의 운동 유닛이 존재한다. 이것만으로도 2,600개의 자유도가 생기는데, 이를 순간적으로 결정해야만 프로그램을 출력할 수 있다. 지금은 팔의 움직임만을 예로 들었지만 실제 테니스를 친다면 팔뿐만 아니라 다리, 허리, 몸통과 같은 신체 부위의 움직임도 같이 고려해야 한다. 그렇게 되면 자유도는 순식간에 천문학적인 개수로 치솟는다.

따라서 테니스를 칠 때 프로그램에 따라 순간적으로 몸을 움직여 나이스 샷을 치는 일은 '미리 알고 있지 않는 한' 성공하기 어렵다. 다시 말해 날아온 공의 속도, 궤도, 회전량을 뇌가 순간적으로 판단해서 프로그램을 만들고 출력한다는 원리(그림 9)로는 설명하기 어려운 부분이 있다.

그렇다면 어떤 원리가 작용하고 있을까? 이에 대한 답은 아직 베일에 싸여 있다. 하지만 주어진 환경에 적응해서 움직이는 원리라면 앞에서 설명한 행동 유도성 이론으로 설명할 수 있다. 예를 들어 일류 프로 테니스 선수는 매일 하는 반복 연습을 통해 날아온 공에 대응하는 최적의 프로그램을 만들어두고, 그 후에는 이미 완성된 프로그램을 필요할 때마다 꺼내 쓴다. 그림 10을 보면 이해가 더 쉬울 것이다. 즉 순간적으로 몸이 환경에 적응하는 것이다.

앞 장에서 등장했던 사사키 교수는 '뇌는 환경과 신체 시스템의 접점에 있다'고 주장한다. 뇌는 높은 곳에 올라서서 환경과 자기 신체와의 관계를 내려다보고 있는 존재이며, 지시를 내리는 존재라기보다 환경과 신체를 연결하는 전선 끝에 붙어 있는 플러그와 같은 존재라는 것이다. 사사키 교수는 이런 말도 남겼다.

> 뇌과학은 감각 신경이 전달하는 신호를 환경의 표층에 지도처럼 그리고 통합해서 반응 프로그램을 만드는 모델이자 이를 명령하는 모델을 연구하는 분야다. 하지만 나는 뇌가 그런 '명령을 내리는 존재'가 아니라 '선택하는 시스템'이라고 생각한다.
> 『複雑性としての身体-脳・快楽・五感』, 河出書房新社, 1997.

사사키 교수의 표현을 빌리자면 우리는 '감각을 통해 느낀 정보를 뇌에서 처리해 운동을 제어하는 시스템'이 아니라 '주어진 환경에 따라 선택하는 시스템'에 의해 살고 있다. 따라서 단순히 재능만이 아니라 주어진 시합 환경을 제대로 파악하는 행동 유도성 능력이 뛰어난 사람이 스포츠 분야에서 성공할 수 있다.

그림 9 명령 시스템

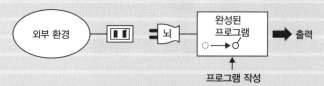

뇌가 매번 상황에 맞는 최적의 프로그램을 만든다.

그림 10 행동 유도성 시스템

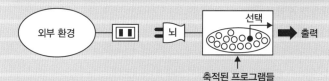

뇌가 축적된 프로그램 중에서 그 상황에 적합한 것을 고른다.

'몸이 기억한다'라는 말은 이런 상황을 의미한다.

성공의 쾌감을 기억하라

인간은 어떻게 이렇게 진화할 수 있었을까? 나는 호기심이 있었기 때문이라고 생각한다. 인간은 '불가능했던 일이 가능해졌을 때 느끼는 쾌감'을 쫓으며 폭발적으로 진화했다. 이는 다른 동물에게는 없는 인간만이 가진 뇌 기능이다.

아마 먼 우리의 먼 조상 중 한 사람이 밀림에서 사바나의 초원으로 나왔을 것이다. 먹을 것이 넘쳐나고 천적인 맹수도 없는 안전한 밀림에서 위험하고 불모지인 사바나의 초원으로 왜 이동했을까? 호기심이 아니라면 설명할 수 없다. 호기심이 우리의 뇌를 진화시켰다.

실력이 느는 사람과 실력이 늘지 않는 사람의 차이는 재능이 아니라, 눈앞에 닥친 일이나 스포츠에 얼마나 호기심을 갖느냐에 달려 있다. 실력을 높이려면 실력이 늘었을 때 느낀 강렬한 쾌감을 기억하고, 호기심을 해결하기 위해 계속해서 노력하는 수밖에 없다.

이른바 천재라고 불리는 사람들은 '불가능했던 일이 가능해졌을 때 느끼는 쾌감'과 '몰랐던 것을 알아냈을 때 느끼는 쾌감'을 보통 사람보다 더 강하게 느낀다. 다시 말해 목표를 이루었을 때 이상할 정도로 강한 쾌감을 느끼는 사람을 우리는 천재라고 부른다. 그들은 호기심으로 똘똘 뭉쳐져 있다.

● 좋아하는 일에 푹 빠져보자

아무리 노력해도 실력이 늘지 않을 때가 있다. 그래도 쉽게 포기해서는 안 된다. 실력 향상의 길은 당연히 멀고도 험하다. 끊임없이 노력했지만 성과가 나오지 않았을 때도 별난 호기심을 가진 천재들은 절대 쉽게 포기하지 않는다.

진정한 달인이 되려면 때로는 정체기가 찾아와도 포기하지 않는 강한 호기심이 필요하다. 실력은 노력만 한다고 얻어질 만큼 단순한 것이 아니다. 그런 면에서 보면 오타니 쇼헤이만큼 호기심이 강한 운동선수도 드물다. 그는 언젠가 이런 말을 했다.

야구에 관한 생각이 머릿속을 떠난 적이 없습니다. 쉬는 날에도 연습을 하는 걸요. 쉬고 싶지 않습니다.

호기심은 바꿔 말하면 그 일에 '푹 빠진 마음'이라고도 할 수 있다. 머릿속이 온통 그 생각으로 가득 차 있고, 틈날 때마다 생각하며 구체적인 대책을 찾아 행동으로 옮긴다. 이것이야말로 실력을 높이는 지름길이다.

무언가에 푹 빠진 마음은 그 자체로 큰 힘이 된다.

변화에 대처하는
유연한 대응력을 길러라

뇌가 가진 피드백 기능을 빼놓고는 실력이 향상되는 원리를 설명할 수 없다. 야구에서 타자가 투수에게 삼진 아웃을 당했다고 하자. 이때 타자의 뇌는 이 기억을 이미지로 만들어 머릿속에 그린다. 그다음 원인을 파악해서 투수가 던진 공을 칠 수 있는 스윙 프로그램을 자동으로 만든다. 다시 타석에 섰을 때 투수가 비슷한 공을 던지면 이 프로그램을 출력해 안타를 쳐낸다.

물론 실제 도식은 이렇게 단순하지 않다. 당연히 투수는 '전에는 삼진을 잡았지만 다음에도 같은 공을 던지면 그때는 상대가 쳐낼 것이다'라고 생각하고, 타자 역시 '같은 공을 던지면 이번에는 내가 칠 거라는 생각을 투수도 할 것이다. 지난번에 삼진을 잡았던 공이 커브볼이었으니 이번에는 직구를 노려보자'라고 생각한다.

이렇게 타자와 투수는 서로 눈치싸움을 하며 다음 타석에 선다. 그래서 야구가 재미있다. 누구의 피드백 수준이 더 높은가를 지켜보는 것도 프로 스포츠의 묘미라 할 수 있다.

● 피드백 기능이 기적의 플레이를 낳는다

축구를 보다 보면 선수가 구사하는 고난도의 슛 페인팅 기술에 감탄할 때가 있다. 네이마르나 호날두의 플레이를 보면 고난도의 기술이란 그 상황에서 상대가 예측할 수 없는 플레이를 성공시키는 능력이라고 할 수 있다. 그들은 축구에 적합한 탁월한 신체 능력과 함께 뛰어난 피드백 기능까지 겸비한 덕분에 고난도 기술을 구사한다.

그래서 나는 스포츠를 예술이라고 생각한다. 그림 11에 피드백 기능이 잘 설명되어 있다. 시행착오를 겪는 사이클을 반복하면서 최종적으로는 결국 성공에 이른다.

일반적으로 운동 경기에서는 '결단 → 뇌의 명령 → 동작'이라는 사이클이 순간적으로 작용하기 때문에 이른바 '생각이 개입할 시간적 여유'가 없다. 그래서 반복된 유형에 따라 순간적으로 주어진 상황에 맞는 최적의 동작을 출력할 수 있어야 한다.

우수한 운동선수일수록 비언어적 유형을 인식하는 능력이 뛰어나고 동시에 공간지각능력도 높다. 눈앞에 있는 공간을 정확하게 파악해서 정해진 유형에 맞는 동작을 연속으로 수행하는 동시에, 빠른 상황 변화에 대응할 수 있는 예측력을 바탕으로 정확하게 상황을 읽어내서 그에 맞는 플레이를 펼친다.

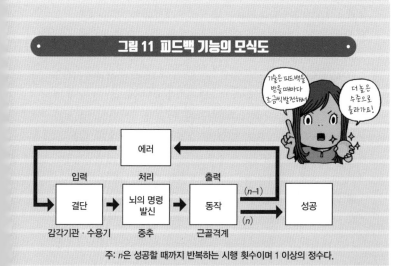

그림 11 피드백 기능의 모식도

주: n은 성공할 때까지 반복하는 시행 횟수이며 1 이상의 정수다.

당장은 실패해도 피드백을 통해 수정하면 결국 성공할 수 있다.

초심자는 분습법,
상급자는 전습법

얼마나 빨리 실력을 높일 수 있는가는 연습 형태에 따라서도 달라진다. 우선 '연습의 밀도'를 생각해보자. 연습 형태에는 쉬지 않고 연속해서 연습하는 '집중 연습'과 중간에 쉬어가며 연습하는 '분산 연습'이 있다. 일반적으로 연습 중에는 집중 연습보다 분산 연습을 할 때 성적이 더 좋다고들 한다. 이것을 '분산효과'라고 한다

그림 12를 보면 사다리를 오르는 훈련과제에서 쉬지 않고 집중 연습을 했을 때보다 중간에 30분간 휴식을 취한 분산 연습을 했을 때 오른 사다리 단수가 확실히 더 높았다.

개인적으로도 휴식 중에 '실력이 느는 느낌'을 받을 때가 있다. 예를 들면 골프 연습장에서 샷 연습을 할 때 아무 생각 없이 무조건 공을 치기만 하는 것보다 천천히 신중하게 치면서 중간 중간 생각할 시간을 갖는 것이 더 효과적이었다.

실제로 프로 골프 선수도 샷 연습을 할 때 한 타 한 타 천천히 시간을 들여서 공을 친다. 나이스 샷이 나오면 감각을 확인하고 잠시 여운에 잠겨 그 순간의 기억을 뇌 속에 확실하게 새겨넣는다. 모처럼 나이스 샷을 쳤는데도 바로 다음 샷으로 넘어가면 그 순간의 기억이 뇌에 저장되지 않고 그대로 사라져버린다.

● 연습 방법은 상황에 맞춰 바꾼다

또 다른 연습 형태도 있다. 바로 전습법과 분습법이다. 어떤 운동 과제를 ①②③의 세 부분으로 나누고 목표 수준에 도달할 때까지 ①만 연습

한다. 그다음에는 ②만 연습하고 마지막으로 ③만 연습하는 방식이 '분
습법'이다. 반면 전습법은 각각을 일정 수준까지 높인 후에 ①②③을 통
합해서 연습한다.

그렇다면 전습법과 분습법 중 어느 쪽이 더 효과적일까? 효과는 학습
자의 수준에 따라 다르다. 오사카체육대학의 교수였던 아라키 마사노부
(荒木雅信)는 '초기에는 분습법이 좋고 학습자의 수준이 높아질수록 전습
법이 효과적이며, 집중학습을 할 때는 분습법이, 분산학습을 할 때는 전
습법이 효과적'이라고 주장했다.

처음부터 전습법으로 연습하면 연습과제의 범위가 너무 넓어 연습 효
율이 떨어지기 때문이다. 이 경우, 시간과 노력은 많이 들지만 그만큼 실
력이 늘지 않아 의욕이 떨어지기 쉽다. 하지만 분습법은 연습과제의 범
위가 좁아지기 때문에 연습 효율이 올라가고 연습에 집중할 수 있어 결
과적으로 의욕도 생기고 효율도 높아진다. 그 후에 ①②③을 통합해 전
습법으로 연습하면 자연스럽게 실력이 올라간다.

연습 방법은
학습자의 수준에 맞춰
선택해야 효과적이에요

훌륭한 지도자는
학습자의 능력에 맞춰
지도한다.

짧은 시간에 빠르게 움직이는 운동(야구의 배팅, 축구의 킥, 탁구나 테니스의 스윙 등)에는 전습법이, 어려운 기술을 구사하는 운동(체조의 E난도 연기, 피겨스케이팅의 고난도 연기 등)에는 분습법이 효과적이라는 보고도 있다. 이와 같은 원칙을 고려해서 연습하면 효율적으로 학습할 수 있다.

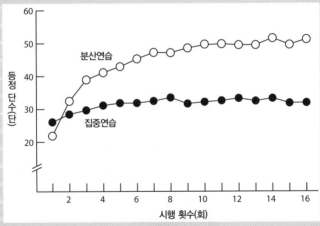

그림 12 집중 연습과 분산 연습의 성적 차이(사다리 오르기)

집중 연습은 휴식 없이 수행했고, 분산 연습은 중간에 30분간 휴식했다. 분산 연습을 했을 때 올라간 사다리 단수가 더 높았다.

출처: 杉原隆, 「運動指導の心理学」, 大修館書店, 2003.

최적의 각성 수준을 파악하라

경기에서 최고의 실력을 발휘하려면 반드시 최적의 각성 수준을 미리 파악해두어야 한다. 그림 13은 각성과 운동 능력의 관련성을 보여준다. 각성과 운동 능력 사이의 관계를 그래프로 표현하면 '뒤집힌 U자형 곡선'을 그린다.

각성 수준이 낮을 때, 즉 기상 직후에는 당연히 운동 능력의 수준도 낮다. 하지만 각성 수준이 지나치게 높아도 뛰어난 운동 능력을 발휘하지 못한다. 지나친 부담감으로 긴장한 심리 상태에서는 근육이 뻣뻣해져 제대로 된 운동 능력을 발휘하지 못한다. 따라서 운동선수는 자신의 경기 종목에 맞춰 최적의 각성 수준을 미리 파악해두어야 한다.

또한 운동 능력은 본인의 일일 활동 리듬 안에서도 계속 변한다. 이 사실을 간과하는 사람이 의외로 많다. 실제로 경기 시간이 언제인지에 따라 성적이 달라지기도 한다. 일반적으로 저녁 시간에 최적의 각성 수준에 도달하기 때문에 경기 시간이 오전일 때보다는 저녁일 때 좋은 성적이 나온다. 그래서 선수들은 오전 경기가 있으면 평소보다 빨리 일어나서 시합을 준비한다. 운동선수라면 대부분 경기 시작 시각에서 거꾸로 계산해 기상 시간을 정하는 요령이 몸에 배어 있다.

그림 14에 스포츠별 최적의 각성 수준을 정리해두었다. 정적인 스포츠인 골프와 양궁은 비교적 각성 수준이 낮을 때 최고의 실력이 발휘되는 한편, 육상 400미터 경주 선수는 각성 수준이 높아야 좋은 성적을 올릴 수 있다.

• 그림 13 각성 수준과 운동 능력 수준은 뒤집힌 U자형 곡선의 관계를 보인다 •

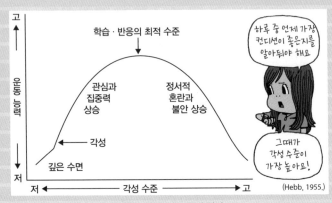

각성 수준이 너무 낮거나, 반대로 너무 높아도 좋지 않다.

출처: 早稲田大学スポーツ科学部 編 『教養としてのスポーツ科 学 』 大修館書店, 2003.

그림 14 운동 종목과 상황에 따른 최적의 각성 수준

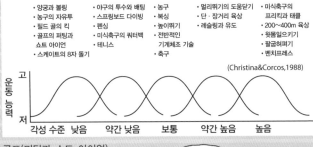

골프(퍼팅과 쇼트 아이언)는 각성 수준이 낮을 때, 200~400m 육상 경기는 각성 수준이 높을 때 최고의 실력을 발휘할 수 있다.

출처: 早稲田大学スポーツ科学部 編 『教養としてのスポーツ科 学 』 大修館書店, 2003.

● 상황과 포지션에 따라 최적의 각성 수준이 달라진다

또한 같은 경기라도 상황에 따라 각성 수준을 약간 조정해야 할 때도 있다. 테니스를 예로 들면 빠르게 움직여야 하는 서비스 대시 동작에서는 비교적 높은 각성 수준이 요구되지만, 베이스라인에서 랠리를 할 때는 상대적으로 낮은 각성 수준으로 끈기 있게 플레이를 이어 나가는 것이 중요하다.

사람의 개성도 운동 능력 수준과 밀접한 관계가 있다. 어떤 개성을 가졌는지에 따라 그 선수에게 잘 맞는 종목이 달라진다. 외향적인 성격의 선수는 럭비나 축구와 같이 격렬한 신체 접촉이 많은 경기가 잘 맞는다.

반면 묵묵히 홀로 경기를 하는 사격은 내향적인 성격을 가진 선수가 대성할 확률이 높다. 같은 육상 경기 안에서도 일반적으로 단거리는 외향적인 성격의 선수가 많고, 장거리는 내향적인 선수가 많다.

이와 같은 선수의 개성은 동기 부여 수준을 고려할 때도 중요한 요소다. 그림 15는 불안한 심리와 동기 부여의 관련성을 보여준다. 긍정적인 성격의 선수에게 높은 목표를 설정해주면 능력 수준이 금세 정점까지 치고 올라간다.

반대로 소심한 성격의 선수에게는 조금 낮은 목표 수준을 설정해주는 편이 좋다. 이처럼 하나의 요소가 아니라 다양한 요소를 종합적으로 고려해야 비로소 최고의 능력을 발휘할 수 있다.

그림 15 불안과 동기 부여의 관련성

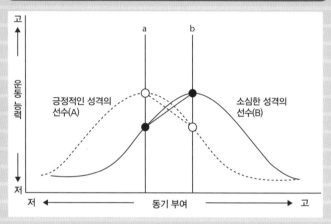

출처: 『教養としてのスポーツ科 学』, 早稲田大学スポーツ科学部 編, 大修館書店, 2003.

긍정적인 성격의 사람에게는 높은 목표를, 소심한 성격의 사람에게는 낮은 목표를 설정해주어야 효과적이다.

2-10

시각 능력의 중요성을 명심하라

스포츠 실력을 높이려면 반드시 '스포츠 시력'도 높여야 한다. 아직 '스포츠 시력'에 대한 관심이 높지 않지만, 혹시 운동 능력이 떨어지고 있다고 느낀다면 가장 먼저 시력 기능 저하를 의심해 봐야 한다. 그림 16에 스포츠 시력의 주요 검사 항목과 기능을 정리했다.

야구 타자에게는 움직이는 물체를 정확히 파악할 수 있는 높은 수준의 '동체 시력'과 원근감, 입체감을 파악할 수 있는 '입체시'가 필요하다. 물론 주시력도 중요한 요소다. 일반적으로 오른손 타자는 왼쪽 눈이, 왼손 타자는 오른쪽 눈이 주시력일 때 더 유리하다고 한다. 쉽게 말해 투수와 가까운 쪽의 눈이 주시력인 선수가 유리하다는 의미다.

야구, 축구, 농구, 배구와 같은 종목은 눈으로 공을 쫓는 동시에, 상대 팀은 물론 같은 팀 선수의 위치도 순간적으로 파악해서 가장 적절한 위치에 있는 선수에게 공을 보내야 한다.

이때 '눈과 손의 협응 동작'을 통해 주변시야에 들어온 사물에 빠르고 정확하게 반응해서 매끄럽게 움직인다. 이처럼 시력은 경기에서 상황을 판단할 때도 결정적인 역할을 한다.

나는 이치로가 오릭스 블루웨이브(현 오릭스 버팔로스)에 입단한 다음 해에 그를 포함한 오릭스 팀의 전체 선수를 대상으로 '눈과 손의 협응력'을 측정한 적이 있다. 세로 90센티미터, 가로 180센티미터 크기의 판에 100개의 전등을 설치하고 주어진 시간 안에 얼마나 정확히 전등을 터치하는지 측정했다.

측정에는 컴퓨터를 이용해 전등이 무작위로 점등되는 장치를 사용했다. 피실험자가 최대한 빨리 전등 불빛을 터치해서 전등을 끄면, 꺼지는

· 그림 16 스포츠 시력과 관련한 다양한 시각 능력 ·

항목	능력
정지 시력	정지된 시표(視標)의 형상을 파악하는 기본적인 능력
KVA 동체 시력	먼 곳에서 똑바로 다가오는 목표에 초점을 맞추는 능력
DVA 동체 시력	눈앞에서 옆으로 움직이는 목표를 눈으로 쫓는 능력
대비 감도	밝기의 미묘한 차이를 식별하는 능력
안구 운동	위로 튀어 오르는 목표에 시선을 맞추는 능력
입체시	다른 거리에 놓여 있는 시표의 거리 차이를 인식하는 능력
순간시	순간적으로 많은 정보를 인지하는 능력
눈과 손의 협응 동작	주변시야에 들어온 시표를 보고 손으로 정확하고 빠르게 반응하는 능력

출처: 日本スポーツ心理学会, 『スポーツ心理学事典』, 大修館書店, 2008.

스포츠 시력은 선천적으로 타고나기도 하지만 훈련을 통해 단련할 수도 있다.

순간 바로 다음 전등에 불이 들어온다. 이치로 선수는 이 테스트에서 상위 5위 안에 들었다.

● 스포츠 시력을 높이는 방법

그렇다면 스포츠 시력을 높이는 방법은 무엇일까. 안구에는 원래 가까운 곳이나 먼 곳을 볼 때 순간적으로 초점을 맞추는 기능이 있으며, 가까운 곳과 먼 곳을 번갈아 가며 보는 훈련을 통해 이 기능을 단련할 수 있다.

구체적인 훈련 방법은 눈앞 쪽에 검지를 세우고 구름이나 산처럼 먼 곳에 있는 물체와 손가락을 1초 간격으로 번갈아 가면 보기만 하면 된다. 이 훈련을 통해 손쉽게 스포츠 시력을 높일 수 있다. 항상 공에 초점을 맞춰야 하는 야구선수에게는 필수 훈련이다.

사람은 안구에 붙어있는 여섯 개의 근육을 이용해 안구를 상하좌우 자유자재로, 심지어 놀라울 만큼 빠르게 움직일 수 있다. 이 능력을 높이려면 안구 근육을 단련해야 하는데 이 또한 어렵지 않다. 시선을 상하좌우로 빠르게 움직이기만 해도 충분한 안구 운동이 된다.

30초 동안의 훈련과 10~15초 동안 휴식을 한 세트로 최대 10세트 정도만 하면 된다. 지나친 훈련은 오히려 역효과를 부를 수 있으니 눈이 불편해지면 바로 훈련을 중단해야 한다. 몸에 무리가 가지 않는 선에서 자투리 시간을 활용해 매일 안구 운동을 하면 저절로 좋아질 것이다.

쉽게 할 수 있으니 도전해보자. 단, 너무 무리하지 않도록 주의할 것!

구체적인 이미지를 그리고
정확히 재현하라

이미지 트레이닝은 스포츠뿐만 아니라 다양한 기술의 실력을 높여주는 만능 훈련법이다. 바꿔 말하면 머릿속으로 올바른 이미지를 그리지 못하면 아무리 열심히 연습해도 결국 시간만 낭비할 뿐이다.

농구의 자유투 동작을 생각해보자. 일류 선수라면 자유투를 던질 때 신체의 움직임은 일일이 생각하지 않는다. 그들의 머릿속은 자기 손을 떠난 공이 최적의 궤도를 그리며 골대 안으로 빨려 들어가는 이미지로 가득 차 있다. 뇌가 그린 궤도에 공을 올려놓을 수 있는 움직임은 반복된 훈련을 통해 그들의 몸이 자동으로 출력한다.

● 상대 선수의 플레이 분석이 오히려 걸림돌

아마 타석에 선 오타니 쇼헤이의 머릿속은 깨끗하게 비어 있을 것이다. 어째서일까? 투수의 과거 투구 유형을 분석해 미리 경향을 파악해두어야 안타를 칠 확률이 높아지지 않을까?

하지만 오타니와 같은 초일류 메이저리그 선수에게는 상대의 과거 플레이 정보가 오히려 배트 컨트롤에 방해가 되기도 한다. 그래서 오타니는 생각을 비우고 투수와 마주한다. 그리고 투수가 공을 던진 순간, 공의 구질(球質)과 속도, 궤도를 읽어내 야구 배트를 휘두를지 말지를 결정한다.

여기서 휘두르겠다고 정하면 공이 홈베이스에 도달하기 전에 순간적으로 머릿속에 안타를 쳤을 때의 이미지를 그리고, 그 이미지대로 스윙을 재현한다. 물론 이때 투수가 던진 공이 자기가 생각했던 이미지와 다를 수도 있고, 같았다고 해도 공을 치는 스윙이 조금이라도 틀어지면 아무리 오타니라도 헛스윙을 피할 수 없다.

즉 이미지 트레이닝은 실제 야구 배트를 휘두르기 전에 머리로 하는 리허설이며, 연습은 머릿속에 그렸던 이미지를 실제 스윙으로 재현할 수 있는지 확인하는 작업이다. 스윙이 미묘하게 틀어지거나 빗나가는 일을 최소한으로 줄이고 싶다면 이미지 트레이닝과 연습, 둘 다 필요하다. 한 쪽을 소홀히 하면 결국 안타 확률은 떨어질 수밖에 없다.

이미지 트레이닝과 실제 몸을 움직이는 연습, 양쪽 모두 소홀히 해서는 안 된다.

우선순위에 따라
연습 시간을 배분하라

오랜 시간 연습을 거듭하면 누구나 제 몫을 톡톡히 해내는 선수가 될 수 있다. '양의 증가가 질의 변화를 가져온다'는 사실은 실력을 높이는 불변의 방정식이다. 하지만 일류 선수와 똑같은 시간을 연습에 투자해도 보통 선수 수준에 그치는 사람도 많다. 즉 연습량은 일류 선수로 거듭나기 위한 필요조건이지만, 충분조건은 아니다.

그렇다면 일류 선수가 되려면 어떤 요소가 필요할까? 하나의 요소로는 어림없다. 우리는 특정 행동을 취할 때 PLAN(계획)→DO(행동)→CHECK(검증)의 과정을 반복한다. 계획과 검증이 행동의 질을 결정하고, 이 과정을 통해 '행동의 질'을 높여간다.

● 우선 순위를 정하라

미국의 경제지 〈석세스(SUCCESS)〉가 최고 경영자들을 대상으로 '당신이 일에서 가장 중요하다고 생각하는 요소는 무엇입니까?'라는 질문을 던졌다. 대답은 딱 두 가지의 요소로 갈라졌다. 바로 '업무의 우선순위'와 '업무의 효율화'였다.

여기서 '업무'를 '연습'으로 바꿀 수 있다. 먼저 연습의 우선순위부터 살펴보자. 승부에 영향을 미치지 않는 요소에는 훈련 시간을 투자해봤자 효율적으로 실력을 높일 수 없다. 예를 들어 테니스 선수에게 두 시간 반의 연습 시간과 연습과제를 주었다고 하자.

A 선수는 여섯 개의 연습과제를 공평하게 30분씩 연습했다. 하지만 안타깝게도 이 방법으로는 실력 향상 속도를 높이는 데 한계가 있다. 우선

순위가 낮은 연습과제와 우선순위가 높은 연습과제에 똑같은 연습 시간을 투자했기 때문이다.

반면 B 선수는 스스로 또는 코치와 상담해서 정한 우선순위에 따라서 연습 시간을 조절했다. 확실히 이 방법이 A 선수보다 현명한 선택이며 당연히 실력 향상 속도도 빨라진다. 우선순위가 낮은 과제는 과감하게 쳐내는 결단이 필요하다.

연습 시간을 조정해서 중간에 적당한 휴식을 취해야 한다.

● 연습의 효율성을 높여라

다음은 '연습의 효율화'다. 일류 선수들은 항상 효율적인 연습 방법을 고민하는데 그중에서도 가장 먼저 연습 시간을 생각한다. 연습 시간이 길어지면 집중력은 떨어지기 마련이다. 하루에 5~6시간씩 연습에 투자하는 것도 물론 나름의 의미는 있지만, 그렇다고 해서 일류 선수들의 연습 시간이 일반 선수들보다 길지는 않다.

그러니 일단 연습 시간부터 정하도록 하자. 그날의 연습 시간은 그날 아침이 아니라 그 전주 일요일 저녁에 수첩에 적어보자. 지난주와 똑같은 시간을 연습에 투자해도 실력 향상 속도가 달라질 것이다. 미국스포츠의학회의 데이터에 따르면 근육 트레이닝의 효과는 길어야 48시간 안에 사라지므로 그 이상 간격이 벌어지면 연습의 성과를 기대하기 어렵다.

근육 트레이닝 외에 다른 분야도 마찬가지다. 같은 시간을 들여 연습하더라도 한 번에 몰아서 하지 말고 조금씩 나누어서 연습하는 편이 효과적이다. 일주일에 10시간씩 연습하기로 했다면 연습 시간을 다섯 시간씩 이틀로 나누는 것보다 두 시간씩 5일로 나누는 편이 좋다.

2-8에서도 설명했지만 연습할 때는 중간에 휴식을 취해가며 연습해야한다. '실력은 연습 도중이 아니라 휴식을 취할 때 늘어난다'라는 주장도 있다. 한 운동생리학자가 "수영 실력은 겨울에 늘고, 스키 실력은 여름에 는다"라는 명언을 남겼는데 나도 같은 생각이다.

그래서 연습과 휴식은 세트여야 한다. 똑같이 하루에 3시간을 연습하더라도 한 번에 하지 말고 중간에 휴식을 취해가며 나누어서 해야 실력을 더 빨리 올릴 수 있다.

신념을 가지고
연습과 실전에 임하라

실력을 빨리 높이고 싶다면 가능한 한 빨리 실제 경기를 경험해봐야한다. 실전에서만 배울 수 있는 부분이 압도적으로 많아서 연습만으로는한계가 있다. 우리는 연습에 많은 시간을 투자하는 경향이 있다. 물론 연습도 중요하지만 연습은 어디까지나 표준적인 훈련일 뿐이며 일류 선수가 되는 길은 그 연장선 위에 있지 않다. 게다가 연습에 너무 많은 시간을투자하면 교과서에 나오는 표준 형식이 몸에 배어 개성이 사라질 위험성도 있다.

● 본인만의 방식으로 경험을 쌓아라

일류 선수가 되려면 되도록 빨리 연습을 졸업하고 실전 경험을 쌓아야한다. 실전을 통해서만 얻을 수 있는 감은 아무리 연습을 많이 해도 얻을수 없다. 실제로 선수들은 실력이 쌓일수록 연습 유형에서 벗어난 플레이를 보인다. 연습할 때와는 다른 상황 속에 숨어 있는 갑작스러운 기회를 놓치지 않으려면 다양한 실전을 경험해보는 수밖에 없다.

그리고 실력 향상 속도를 높이는 또 하나의 요소는 스스로 인정한 방식으로 연습하는 것이다. 나는 오타니 쇼헤이가 스스로 인정한 연습 방식을 고집했기 때문에 일류 메이저리거로 등극할 수 있었다고 생각한다.언제가 오타니가 이 부분에 관해 이런 말을 한 적이 있다.

다른 사람과 같은 방식. 저는 그것이 싫습니다.

실전이 아니면 얻을 수 없는
경험들이 있다.

오타니는 자기 신념에 따라 행동하는 선수였고, 그런 선수였기에 일류 선수 반열에 들어갈 수 있었다. 감독이 뭐라고 하든 그는 본인의 신념을 꺾지 않았다.

완벽하게 자기 기준에 맞춰 생각했던 오타니는 선발투수로 경기에 나가 완투승을 이끌어도 스스로 만족할 수 없는 투구였다면 용납하지 않았다. 반대로 상대가 안타를 쳤어도 자기 신념에 맞는 공을 던졌다면 그것으로 만족했다.

성적이 좋지 않으면 스스로 원인을 찾아서 방식을 바꿔야 한다. 아무 생각 없이 그저 감독이나 선생님이 하라는 대로 따르기만 하면 기발한 발상이나 창의력을 발휘할 수 없고, 그런 상태로는 성장을 기대하기 어렵다. 오타니처럼 '성장, 진보, 실력 향상'을 추구하는 욕구가 다른 사람보다 강한 사람은 누가 뭐라고 해도 자기 신념에 따라 행동하겠다는 각오를 항상 마음에 품고 있다.

획일적인 방식의 트레이닝은 실력 수준이 낮은 사람을 성장시킬 때는 편하고 저렴하며 효율적인 시스템지만, 일류 선수의 실력을 높일 때는 전혀 맞지 않는 시스템이기도 하다. 되도록 빨리 자기 신념에 따른 방식으로 연습하며 시행착오를 겪어 가는 것이 실력 향상의 지름길이다.

제3장

승자가 되는 기술

이기는 것보다
지지 않는 것이 중요하다

실력 향상의 궁극적인 목표는 '결과를 내는 것'이다. 아무리 노력해도 결과를 내지 못하면 의미가 없다. 결과를 내려면 어떻게 해야 할까? 간단하다. 결과가 아니라 과정에 집중하면 된다. 언뜻 모순처럼 들리는 이 생각이 당신을 일류로 만들어줄 것이다.

우선 결과를 내고 싶다는 의지를 머릿속에 새기고, 노력의 방향이 결과를 향하도록 조정한다. 이 두 가지 사항만 명심하면 그다음은 과정에 집중하는 방식에 익숙해지기만 하면 된다. 사쿠라이 쇼이치(桜井章一)는 이런 말을 했다.

> 원래 경쟁의식은 동물의 본질적인 부분, 본능에 가까운 부분에 존재한다. '이기고 싶다'라는 끝없는 욕심이 아니라 '지지 않겠다'라는 본능적인 생각이다.
> 『負けない技術』, 講談社, 2009.

프로 마작 기사인 사쿠라이는 마작계에서 불패 신화를 만든 전설적인 인물이다. 그런 인물이 '이기는 것'보다 '지지 않는 것'이 훨씬 어렵다고 말한다. 이기고 싶다라는 욕심에 사로잡히면 애써 갈고닦은 능력에 욕심이라는 잡음이 끼어들어 진짜 실력을 발휘하지 못하게 된다. 하지만 지지 않겠다라는 굳건한 태세를 구축하면 욕심 따위는 끼어들지 못한다. 이런 마음가짐으로 시합에 임하면 상대가 스스로 무너지는 경우도 많다.

● 지지 않으면 상대가 스스로 무너진다

대학교 4학년 여름에 테니스 전일본학생선수권에 출전했던 나는 선발권에 든 선수들을 차례로 제치고 8위까지 올랐다. 당시 나는 평소와 특별히 다르지 않았다. 그저 베이스라인에 서서 '상대가 보내는 공을 치고 실수하지 말자'라는 생각을 했을 뿐이다. 솔직히 내가 할 수 있는 것이 그뿐이기도 했다. 상대 선수는 강력한 서브와 스트로크로 공격하며 경기 초반에 분위기를 주도했지만, 내가 실수하지 않고 담담하게 계속 공을 받아치자 결국 백기를 들고 스스로 무너졌다.

나는 이기는 테니스 선수가 아니라 전형적인 지지 않는 테니스 선수였다. 그리고 그런 생각을 가지고 평소에 뼈에 새겨질 만큼 연습에 매진했기 때문에 나의 잠재 능력을 최대로 발휘할 수 있었다. 물론 이기고 싶다는 욕심이 없었던 것은 아니지만, 8위까지 오를 수 있었던 것은 그저 묵묵히 내가 할 수 있는 일에 최선을 다한 덕분이었다. 욕심을 버리고 자기가 할 수 있는 일에 집중하는 것이 승리를 부르는 비결 중 하나다.

'지지 않겠다'라는 생각을 마음에
새기면 욕심에 사로잡히지 않는다.

수파리 학습법을 기억하라

독창성은 '차이점'이라고도 할 수 있다. 남과 다른 자신의 차이점을 발휘하면 자연스럽게 개성이 드러난다. 따라서 자신이 옳다고 믿는 방식을 끝까지 굽히지 말아야 한다.

오타니 쇼헤이나 하뉴 유즈루처럼 천재라 불리는 사람들은 고집이 세다. 그 누구보다 자기 자신을 믿기 때문에 다른 사람의 말을 잘 듣지 않는다. 또 본인만의 철학이 확고해서 스스로 인정하는 일이 아니면 하지 않는다. 진정한 달인이 되려면 이런 자세가 필요하다.

일본의 스포츠 현장은 여전히 획일적인 지도 시스템이 중심을 이루고 있고, 그 결과 선수들의 개성은 점차 사라지고 있다. 실로 안타까운 일이 아닐 수 없다. 하지만 교과서는 일류 선수가 되는 방법을 가르쳐주지 않는다. 실력을 높이고 싶다면 되도록 빨리 교과서에서 벗어나 자신만의 독창성을 발휘해야 한다.

● 줄이는 작업도 중요하다

일본 전통극 노카쿠 배우인 제아미(世阿弥)는 배움은 '수파리(守破離)'의 순서를 따라야 한다고 설파했다. 수(守)에서 기본기를 배우고, 파(破)에서 틀을 깨고 다른 사람의 방식을 배운 다음, 리(離)에서 자기만의 독창성을 완성해야 한다는 것이다.

나 역시 제아미의 가르침에 동감한다. 교과서는 입문 단계에서만 보도록 하자. 그 이후에는 교과서에 나와 있는 상식을 깨야 한다. 상식에서 얼마나 벗어날 수 있는지에 따라 그 사람의 실력이 어디까지 올라가는지 정해진다고 해도 과언이 아니다. 물론 실력을 효율적으로 높이려면 책이나 잡지에 나온 기본 지식도 이해해야 한다. 하지만 교과서를 아무리 파 보아도 그 안에 독창성을 키울 수 있는 이론은 없다.

또한 독창성을 발휘하는 기술을 습득하려면 때로는 배움을 늘려가는 일을 잠시 멈추고, 불필요한 부분은 없는지 진지하게 고민하는 자세도 필요하다. 스포츠 세계에도 깊게 생각하지 않고 무조건 이것저것 배우다 가 몸이 제대로 움직이지 않는 상태로 슬럼프에 빠지는 사람이 많다.

일단 무엇이라도 배워두면 뿌듯함이 느껴지겠지만, 그런 기분은 단순 한 착각일지도 모른다. 뭐든 배워두면 무조건 실력 향상에 도움이 된다 는 생각은 깨끗하게 지우자. 때로는 이미 익힌 기술도 과감하게 버려야 한다. 체중을 줄이는 다이어트만 있는 것이 아니다. 지식과 기술, 마음의 다이어트도 필요할 때가 있다.

오감을 단련해 감성으로 움직여라

'실력이 쑥쑥 느는 사람'과 '실력이 늘 그대로인 사람'을 비교해보면 실력이 느는 사람은 동작을 할 때 감성을 충분히 활용하는 반면 실력이 그대로인 사람은 교과서에 나오는 이론만 붙들고 있다는 사실을 알 수 있다.

남자 프로 테니스 선수인 니시코리 케이(錦織圭)와 노박 조코비치(Novak Djokovic)의 스윙은 완전히 다르다. 두 선수 모두 스윙에 개성이 넘친다. 자신만의 감성을 활용해서 독창적인 스윙을 만들어냈다.

테니스는 공과 테니스 스트링이 접촉하는 찰나의 순간에 라켓의 움직임에 따라 공의 운명이 결정된다. 따라서 눈 깜짝할 사이에 공의 운명을 정해야 하는 테니스는 뇌의 기능 중 하나인 감성까지 최대한 활용하지 않으면 실력 향상을 기대하기 어렵다.

스포츠 현장에서는 예측하지 못한 상황에서 순간적으로 지나가는 기회를 놓치지 않는 능력이 필요하다. 당신의 실력이 올라갈수록 연습했던 유형에 맞아떨어지는 상황이 벌어질 확률은 줄어든다. 상대 선수도 당신의 뒤통수를 노리며 허를 찌르는 작전을 펼치기 때문이다.

그런 상황에서는 이론이 아니라 감성을 발동시켜야 한다. 감성이 발동하는 순간 기회를 잡을 수 있다. 다만 감성은 실제 스포츠 현장에서 많은 경험을 쌓아야만 단련할 수 있다.

결단을 내려야 하는 상황에 직면하면 감성에 기대 과감하게 결정해보자. 설사 그 선택이 틀렸다 하더라도 멈춰서는 안 된다. 경험을 쌓아가며 감성을 활용한 결단을 계속하다 보면 노력이 빛을 발하는 순간이 반드시 온다.

● 일상에서 오감을 훈련하라

감각을 훈련하면 실력 향상 속도도 빨라진다. 오감의 중심은 '시각'이다. 따라서 감성은 일정 수준에 도달하기 전까지 시각을 중심으로 작용할 수밖에 없다. 하지만 한 단계 높은 수준에 도달하려면 시각 외에도 '청각, 촉각, 미각, 후각'까지 동원해야 한다.

'스포츠에서 후각이나 미각이 필요하다'라는 말에 고개를 갸웃하는 사람도 있겠지만, 평소에 후각이나 미각을 자극하면 감성을 관리하는 뇌 영역의 감도 자체가 올라간다. 뇌로 들어오는 외부의 정보를 잡아서 모든 감각기관을 움직이게 하는 습관이 결과적으로 경기를 승리로 이끌어줄 것이다. 그러니 미각과 후각도 스포츠 분야의 실력 향상과 전혀 무관하지는 않다. 감각기관의 능력을 더욱 섬세하게 만들기 위해서라도 우리의 생활과 가장 밀접한 식사를 잘 챙겨서 섬세한 후각과 미각을 단련해 보자.

특정 감각을 훈련하면
다른 감각의 감도도 올라간다.

재현성은 높이고 에너지는 아껴라

'1-2 실력 유지의 비결은 반복 연습'에서도 잠시 설명했지만, 일류 선수가 되는 조건으로 다시 한 번 반복 연습을 강조 하겠다. 하뉴 유즈루의 장점은 두말할 필요도 없이 팬들의 마음을 사로잡는 예술적인 연기다. 하지만 내가 하뉴 유즈루의 장점으로 생각하는 부분은 매일 꾸준히 반복 연습을 하는 그의 성실함이다. 매일 쉬지 않고 반복 연습을 했기 때문에 그는 슬럼프에 빠졌을 때도 짧은 시간에 멋지게 재기할 수 있었다.

보이지 않는 곳에서도 묵묵히 연습을 계속해야 한다. 반복 연습은 운동선수에게 가장 중요한 요소다. 결국 안정성이란 꾸준한 반복 연습을 통해 본인이 할 수 있는 최고의 플레이를 높은 확률로 재현하는 능력이다.

가끔 축구나 골프 경기에서 나오는 화려한 플레이가 텔레비전 화면을 장식하지만, 실제로 초일류 선수를 지탱하는 힘은 화려한 플레이가 아니라 보이지 않는 곳에서도 착실하고 건실하게 플레이는 소화하는 능력이다.

운동은 모든 행동이 무의식중에 자동으로 발현되어야 한다. 뇌 신경계의 대뇌핵에 저장해두었던 완성된 운동 프로그램 중에서 전두연합영역의 명령에 따라 순간적으로 최적의 프로그램을 찾아내 운동 동작으로 발현해야 한다. 하지만 한 번에 운동 능력을 끌어올리는 '마법' 따위는 세상에 존재하지 않는다. 최고의 선수가 되고 싶다면 하뉴처럼 묵묵히 연습을 반복해야 한다.

● 적은 에너지로 몸을 움직여라

여기서 반복 연습의 중요성을 증명하는 실험 결과를 살펴보자. 심리학자 A. V. 캐런(A. V. Carron)은 평평한 판 가운데에 지지대를 받치고, 지지대 좌우에 다리를 올린 상태로 판이 한쪽으로 기울어지지 않도록 안정된 자세를 유지하는 '평행 유지능력의 연습 효과'를 실험했다. 그림 17이 그 실험의 결과다. 30명의 아이에게 30초 간격으로 쉬어가며 하루에 12번, 30초씩 연습하도록 했다. 6일 동안 연습을 진행하며 판이 바닥에 닿는 횟수를 측정했다.

그 결과 처음에는 대상자별로 차이가 있었지만, 연습을 거듭할수록 모두 판이 바닥에 닿는 횟수가 점차 감소했다. 당연히 일일 연습 곡선뿐만 아니라 주간 연습 곡선도 꾸준히 상승했다. 또한 반복 연습의 효과는 다른 부분에서도 나타났다. 연습을 반복할수록 연습에 소비하는 에너지가 확실하게 감소하는 경향을 보였다.

그림 18은 수영에서 속도와 산소섭취량의 관계를 보여준다. 같은 속도로 수영했을 때 초보자보다는 중급자가, 중급자보다는 상급자가 효율이 높았다. 쉽게 말해 수영을 잘하는 사람일수록 같은 속도에서 섭취하는 산소량이 적었다. 그만큼 상급자는 경제적으로 수영을 한다는 의미다.

이런 경향은 육상에서도 나타나는데, 이에 관해선 그림 19를 참고하자. 1만 미터 육상 선수들을 비교해보면 성적이 좋은 선수가 같은 속도에서 섭취하는 산소량이 적었다. 산소섭취량은 운동할 때 필요한 에너지의 양을 보여주는 기준이기 때문에 일반적으로 일류 선수들은 불필요한 움직임을 줄여 에너지 소비량을 줄인다는 말이다. 이러한 기술 또한 반복 연습을 통해 경험을 쌓아가면서 자연스럽게 익힐 수 있다.

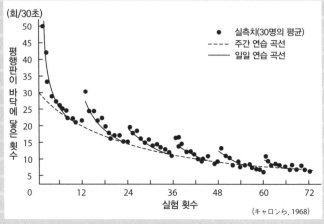

그림 17 평균대 위에서 자세를 유지하는 연습의 효과

(회/30초)

평행판이 바닥에 닿은 횟수

실험 횟수

● 실측치(30명의 평균)
---- 주간 연습 곡선
— 일일 연습 곡선

(キャロンら, 1968)

당일의 첫 연습 결과는 전날 마지막 연습 결과보다 좋지 않을 때도 있었지만, 성적은 전체적으로 꾸준히 상승했다.

출처: 宮下充正, 『勝利する条件』 岩波書店, 1995.

그림 18 수영 속도와 산소섭취량의 관계

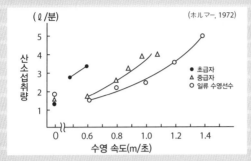

초급자는 속도가 느린데도 불필요한 움직임이 많아 중급자나 일류 수영선수보다 산소를 더 많이 섭취한다.

그림 19 달리기 속도와 산소섭취량의 관계

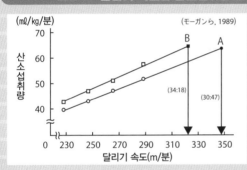

A는 상급자이고 B는 초급자다. 달리는 속도가 같아도 상급자의 산소 섭취량이 더 적었다. 괄호 안의 숫자는 만 미터 경주 기록이다.

결과보다 과정을 중시하라

특정 분야의 실력을 높이고 싶다면 '학습 곡선'을 알아두자. 학습 곡선을 보면 연습 시간과 실력 향상도가 항상 비례하지는 않는다는 사실을 알 수 있다. 시작 초기에 가장 급격히 실력이 올라간다. 예를 들어 야구에서 배팅 연습을 할 때 야구 배트로 공을 치는 것까지는 의외로 금방 할 수 있다. 그래서 야구에 재미를 느끼기 시작한다.

하지만 연습을 계속하다 보면 반드시 '플래토(plateau)'라는 정체기가 찾아온다. 이때 명심해야 할 점은 '연습의 성과가 눈에 보이지 않아도 실력은 꾸준히 올라가고 있다'라는 사실이다. 당장은 성과가 눈에 보이지 않더라도 당신의 실력은 제자리가 아니라 머릿속에서 꾸준히 발전하고 있다고 생각해야 한다.

이 사실을 모른 채 늘지 않는 실력을 비관하며 연습을 포기하는 사람이 상당히 많다. 플래토 시기에 실력이 오르지 않아도 의욕적으로 연습을 계속하는 것이야말로 실력 향상의 비결이다.

● 정체기가 찾아와도 포기하지 않는다

예전에 테니스 교실에서 프로 코치로 일했을 때 반년 정도 배우다가 그만두는 사람을 많이 보았다. 처음 몇 개월은 놀랄 정도로 실력이 늘지만, 그림 20을 통해 알 수 있듯 실력 향상 속도가 느려지는 시기와 아무리 노력해도 실력이 늘지 않는 시기에 들어서면 흥미가 떨어지기 때문이다. 하지만 이 시기를 버텨낸 초급자는 확실하게 중급 수준으로 올라설 수 있다.

플래토 시기는 중급 수준에서 상급 수준으로 올라갈 때도 마찬가지로 존재한다. 이 사실을 명심하고 성과가 보이지 않더라도 포기하지 않고 연습을 계속하는 자세가 중요하다. 따라서 결과보다 과정을 중시하는 마음가짐이 필요하다. 결과에 지나치게 집착하면 결과가 좋지 않을 때는 의욕이 떨어져 연습하고 싶은 마음이 들지 않는다.

언젠가 오타니 쇼헤이가 이런 말을 한 적이 있다.

이긴 경기보다 진 경기가 더 마음에 남습니다.

비록 결과가 좋지 않더라도 의욕을 잃지 않고 묵묵히 연습을 거듭한 자세가 오타니를 위대한 메이저리거로 만들지 않았을까. 실력 향상의 기본은 결과가 나오지 않아도 노력을 게을리 하지 않으며, 좋은 결과에도 과하게 들뜨지도 않고 꾸준히 노력을 이어가는 자세다.

그림 20 전형적인 학습 곡선

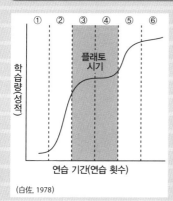

전형적인 학습 곡선은 ① 실력이 늘지 않는 시기, ② 실력이 급속도로 느는 시기, ③ 실력 향상 속도가 느려지는 시기, ④ 실력 향상이 멈추는 플래토 시기, ⑤ 다시 실력이 느는 시기, ⑥ 한계에 도달하는 시기의 여섯 단계로 나누어진다.

(白佐, 1978)

'플래토' 시기에 포기하는 사람이 많지만

정체기는 당연히 찾아오기 마련이니 너무 걱정할 필요 없어요

만 시간의 연습으로 달인이 된다

오타니 쇼헤이가 왜 큰 주목을 받는지 생각해보자. 요인은 하나밖에 없다. 야구다. 오타니에게서 야구를 제외하면 그도 우리와 별반 다른 것 없는 평범한 사람이다. 하뉴 유즈루에게서 피겨스케이팅을 빼면 어디서나 흔히 볼 수 있는 청년일 뿐이다. 현대는 누구에게도 지지 않는 특기를 요구하는 시대다. 여러 방면에서 적당히 잘하는 능력보다는 한 분야에서 누구도 흉내 낼 수 없는 '달인의 기술'을 가진 사람이 대접받는다.

남들 앞에서 자신 있게 내세울 수 있는 당신의 특기는 무엇인가. 한 가지에 집중해서 그 일에 인생을 투자하는 것만큼 쉬운 성공 방정식은 없다. 다른 일을 조금 희생하더라도 '하나만 판다'라는 각오로 자신만의 특기에 매달려보자. 연습에 많은 시간을 투자하면 어떤 기술이라도 실력을 높여 특기로 만들 수 있다.

● 가장 가지고 싶었던 특기 하나에 집중하라

다마대학(多摩大学)의 나카타니 이와오(中谷巌) 전 학장은 '만 시간 클럽'이라는 조직을 만들고, "특정 기술을 연마하는 데 만 시간을 투자하면 일류가 될 수 있다"라는 주장을 펼쳤다.

만 시간은 매일 세 시간씩 하루도 쉬지 않고 십 년을 해야 채울 수 있는 시간이다. 대략 1년에 천 시간이다. 그만큼의 인생을 쏟아 부으면 반드시 주변 사람들을 놀라게 할 만한 특별한 재주를 습득할 수 있다.

물론 만 시간이라는 숫자 자체에 과학적인 근거는 없다. 따라서 정확히 만 시간을 채워야 할 필요는 없다. 우선은 당신이 가장 가지고 싶었던 특기에 충분한 시간을 투자해보자.

 일반적으로 평일에 세 시간이나 시간을 빼는 일은 그리 쉽지 않다. 그렇다면 하루 한 시간은 어떨까? 오늘부터 특기를 연마하는 시간으로 매일 한 시간을 할애해보자. 평일에 한 시간, 주말 이틀 동안에는 두 시간 반씩을 투자하면 한 주에 열 시간을 확보할 수 있다. 이렇게 하면 특기를 연마하는 시간으로 연간 오백 시간을 확보할 수 있다. 물론 이 시간을 확보하려면 평상시 버려지는 시간이 없도록 철저하게 관리하겠다는 각오도 필요하다.

역시 '인내심도 힘'이다. 한 가지 일을 꾸준히 해온 사람은 당할 수 없다.

COLUMN 2

행운을 부르는 의지력 연성 트레이닝

우리 주변에는 '해야 하지만 결국 미뤄버리는 일'과 '하지 말아야 하지만 결국 해버리는 일'이 많이 존재한다. 대표적으로 전자에는 공부와 일이 있고, 후자에는 흡연과 과식이 있다. 하기 싫은 일도 꼬박꼬박 챙겨서 하는 힘이나 건강에 나쁘지만 끌리는 행동을 참는 힘을 '의지력'이라고 한다.

호주의 심리학자 메건 오튼(Megan Oaten) 박사와 그녀의 연구팀은 18세부터 50세 사이의 피실험자 24명을 대상으로 두 달간 근력운동과 유산소운동으로 구성된 운동 프로그램을 제공하는 실험을 했다. 그런데 이 실험에서 신기한 현상이 발생했다. 실험 후 피실험자에게 운동 습관이 생겼을 뿐만 아니라 음주량, 흡연량, 카페인 섭취량, 패스트푸드 섭취량이 모두 눈에 띄게 감소했다.

오튼 박사는 이 실험을 통해 다음과 같은 결론을 내렸다. "억지로라도 헬스장에 가거나 숙제를 하고, 햄버거가 아니라 샐러드를 먹으면 스스로 사고방식을 바꿀 수 있다."

'무슨 일이든 3주만 계속하면 습관이 된다'라는 말이 있다. 오랫동안 매일 아침 라디오 체조를 해온 사람은 굳이 의식하지 않아도 매일 아침 같은 시간에 눈을 뜨고 자연스럽게 체조를 시작한다. 매일 같은 장소에서 같은 일을 하는 습관은 의지력을 높이는 강력한 요소다.

생각만 하지 말고 실제로 몸을 움직이면 근육이 생길 뿐만 아니라 근육과는 관련 없는 분야의 의지력도 생긴다. 일단 행동하면 의지력이라는 새로운 '근육'이 생겨나 눈앞에 닥친 일을 기한 안에 처리할 수 있게 해준다. 의지력은 당신의 주변에 좋은 일을 불러올 것이다.

제4장

집중력을 높이는 기술

집중력과
정보처리
능력을
높이자!

집중력을 자유자재로 컨트롤하라

실력이 뛰어난 선수와 그렇지 않은 선수, 또는 일류 선수와 보통 선수를 구분 짓는 정신적 요소 중 하나는 '집중력'이다.

그림 21에는 집중력이 네 단계로 정리되어 있다. 영국의 베스트셀러 『테니스의 이너 게임』을 쓴 저자, 티머시 갤웨이(Timothy Gallwey)는 집중력의 네 단계를 다음과 같이 정의했다.

1. 단순한 집중력– 가장 낮은 수준의 집중력이다. 대표적으로 건널목에서 빨간 신호와 파란 신호를 구분할 때 보이는 집중력을 들수 있으며, 건널목을 건널지 기다릴지를 판단하는 정도의 낮은 집중력이다.

2. 관심이 동반된 집중력– 2단계라고 볼 수 있으며 텔레비전을 볼때 나타나는 정도의 집중력이다. 관심 있는 프로그램을 집중해서 보고 있지만 주변의 정보를 완벽히 차단하지는 않은 상태다.

3. 마음을 빼앗긴 집중력– 게임에 열중하고 있을 때 보이는 집중력이다. 주변의 소음에도 동요하지 않고 게임에 열중한다.

4. 무아지경– 가장 높은 수준의 집중력이며, 게임에 열중하고 있을 때 보이는 흥분된 심리 상태와 달리 냉정하고 침착한 상태다. 무아지경의 심리 상태에서는 모든 일을 놀라울 정도로 정확하게 예견하고, 스스로 하고 싶은 일을 100퍼센트 제어할 수 있다. 피겨스케이팅의 기히라 리카(紀平梨花)는 2018~2019년 시즌 그랑프리 시리즈 데뷔전이었던 NHK배 프리스타일 경기에서 한 치의 오차도 없는 완벽한 연기를 선보였다. 일본 여자 선

수 중 역대 최고 점수인 154.72를 기록하며 시니어 데뷔전을 첫 우승으로 장식했다. 이때 그녀의 심리 상태가 무아지경의 경지라 할 수 있다.

이와 같은 네 단계의 집중력을 상황에 따라 자유자재로 제어하면 집중력의 달인이 될 수 있다. 그렇다면 집중력을 자유자재로 제어하려면 어떻게 해야 할까? 평소 한 가지 일에 집중하는 습관을 들여야 한다. 식사할 때는 텔레비전을 끄고 식사에만 집중해보자. 조금만 신경을 써서 집중하는 습관을 들이면 최고 수준의 심리 상태를 만들 수 있다.

그림 21 집중력의 네 가지 단계

집중력의 네 단계

- 무아지경
- 마음을 빼앗긴 집중력
- 관심이 동반된 집중력
- 단순한 집중력

'결정적 순간'에는 무아지경 상태에 빠져보자.

● 일류 선수는 집중력을 효율적으로 배분한다

일류 선수는 강한 집중력뿐만 아니라 넓은 시야로 자기 주변 상황을 빠르게 파악하는 능력도 갖추고 있다. 집중력은 일반적으로 한 번에 한 가지 일에만 발휘할 수 있지만, 실력이 뛰어난 선수는 순간적으로 다양한 요소에 집중할 수 있다.

이와 같은 차이는 일류 축구 선수와 일반 축구 선수의 생각을 비교해 보면 알 수 있다. 상대의 수비에 대응하는 동작과 공을 패스하는 동작을 동시에 해야 할 때를 생각해보자. 상대 팀의 수비수가 뛰어난 기술력을 가진 선수라면 정신이 대부분 수비수에게 쏠리다 보니 막상 중요한 패스 동작에는 신경 쓰지 못할 때가 있다. 한편 상대 수비수의 기술력이 그다지 높지 않다면 상대 선수보다는 같은 편 선수에게 보낼 패스에 더 집중하게 된다.

이처럼 집중력의 용량에는 한계가 있어서 공격수는 수비수가 뛰어날수록 그쪽에 더 많이 집중하게 되고, 그만큼 패스에서 실수할 확률이 높아진다.

그림 22에서 알 수 있듯이 집중력은 연습량에 따라서도 좌우된다. 연습을 많이 한 테니스 선수는 서브를 넣을 때 자신의 서브 스윙에 관해서는 거의 생각하지 않는다. 오로지 '어디를 노릴까'에만 생각을 집중할 수 있다. 반면 연습량이 부족한 선수는 자신의 서브 스윙에 집중한 나머지 어디를 노릴지까지는 생각하지 못한다. 두 선수 중 누가 성공적인 서브를 넣을 수 있는지는 굳이 말할 필요도 없다. 즉 실력을 높이려면 연습을 거듭해서 집중력의 용량을 늘리거나, 한 번에 집중할 수 있는 대상의 수를 늘려야 한다.

그림 22 어디에 집중할지는 연습량에 따라 달라진다

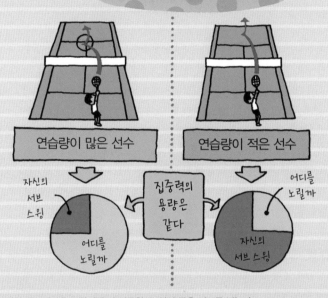

집중력 배분의 차이

연습량이 많은 선수

연습량이 적은 선수

자신의
서브
스윙

어디를
노릴까

집중력의
용량은
같다

어디를
노릴까

자신의
서브 스윙

상급자는 어디를 노릴지에 더 집중할 수 있어 좋은 서브를 넣는다.

출처: スポーツインキュベーションシステ ム, 『図解雑学 スポーツの科学』, ナツメ社, 2002.

● 하나에 고정하지 않는 집중력

일본의 스님, 다쿠앙 소호(沢庵宗彭)의 『부동지신묘록(不動智神妙錄)』이라는 책이 있다. 이 책에 나와 있는 집중력의 비결 몇 가지를 살펴보자.

'모든 부처는 부동지(不動智)다'라는 말이 있습니다. '부동'은 움직이지 않는다는 뜻이고 '지'는 지혜를 의미합니다. 움직이지 않는다고는 했지만 돌이나 나무처럼 전혀 움직이지 않는다는 의미는 아닙니다. 사방팔방, 자유자재로 움직이며 결코 하나의 사물, 하나의 일에 마음이 사로잡히지 않는 것이 '부동지'입니다.

정신을 자유자재로 움직이며 한 군데에 멈추지 않는 것, 이 또한 집중력이다. 비행 조종사가 이착륙할 때 이와 비슷한 심리 상태를 보인다. 또한 사무라이가 진검승부에 임할 때도 한 명에게만 집중하면 오히려 상대의 검에 당하고 만다. 열 명의 적이 한 번씩 검을 휘두르며 달려들 때는 우선 날아오는 검을 피하고, 한 번 피한 검에서는 바로 정신을 거두어야 한다. 이렇게 차례로 날아오는 검에 하나하나 집중해서 피하다 보면 열 명의 적을 상대로 밀리지 않고 싸울 수 있다.

정신은 하나로 모으되 대상은 자유자재로 바꿀 수 있는 것이 바로 챔피언의 집중력이다. 집중력을 단련하기 위해 몸을 움직이면서 정신은 하나로 모으는 훈련을 해보자. 혼자 있을 때 여유를 가지고 또 하나의 나와 대화를 나눠보는 방법도 좋다.

경험을 통해 정신을 하나로 모을 수 있는 습관을 만들며 동시에 그 정신을 자유자재로 움직일 수 있는 능력까지 키우면 당신도 최고 수준의 집중력을 손에 넣을 수 있다.

10대 1이라도 상대가 한 명씩 덤빈다면 정신을 한 사람에게만 집중하지 말고, 차례로 집중의 대상을 바꿔가며 맞서야 한다.

흩어진 집중력에 미련을 두지 마라

집중이란 '구체적인 대상에 행동의 초점을 맞추는 행위'라고 정의할 수 있다. 상대 선수나 공, 본인의 신체 운동과 같이 구체적인 대상에 생각의 초점을 맞추면 플레이의 질이 훨씬 좋아진다. 그러나 안타깝게도 어떻게 하면 생각의 초점을 맞출 수 있는지 구체적으로 고민해서 꾸준히 실천하는 선수는 극소수에 불과하다.

사실 집중력을 오래 유지하기란 쉬운 일이 아니다. 그런데 일부러 화를 내거나 기분 전환을 하는 방법으로 한 번씩 집중력을 끊어주면 오히려 집중력을 더 오래 유지할 수 있다. 운동선수는 중요한 순간에 집중력이 흐트러지면 자칫 크게 다칠 수도 있다. 그래서 챔피언급의 선수들은 일부러 집중력을 흐트러뜨리고 기분을 전환하는 심리 테크닉을 활용한다.

이에 관해 설명하기 전에 '집중력의 특이성'에 관해 먼저 알아보자. 여기서 말하는 특이성이란 '모든 대상에 집중력을 발휘할 수 있는 사람은 없다'라는 성질을 의미한다. 많은 심리학 실험을 통해서 인간이 한 번에 집중력을 유지할 수 있는 시간은 평균 90분이라는 사실이 증명되었다.

제아무리 일류 선수라도 경기 처음부터 끝까지 높은 수준의 집중력을 유지하지는 못한다. 대신 일류 선수는 집중력의 강약을 조절할 수 있다. 즉 필요한 순간에만 높은 집중력을 발휘하고, 그 외에 시간에는 기운을 최대한 아낄 수 있다.

미국을 대표하는 스포츠 심리학자이자 나의 스승이기도 한 제임스 로어(James E. Loehr) 박사는 "집중력도 에너지로 만들어진다. 에너지의 총량은 한정되어 있으니 에너지를 중요한 때에 집중해서 쓰는 기술이 필요하다"라고 말했다.

실제 시합에서 처음부터 높은 집중력을 발휘하면 그만큼 에너지가 빨리 고갈되어 경기 후반에 찾아온 중요한 순간에는 집중력을 발휘하지 못하는 상황에 빠질 수 있다. 다시 말해 결정적인 순간에 높은 집중력을 발휘할 수 있을지는 그 외에 시간에 얼마나 에너지를 아끼는가에 달려 있다.

● 집중력을 잃어도 당황하지 마라

실수가 무서운 이유는 자신의 실수로 상대가 유리해지기 때문만이 아니다. 당신이 60퍼센트 경기 주도율을 보이고 있을 때 작은 실수를 저질러 주도율이 55퍼센트로 떨어졌다고 하자. 그래도 여전히 당신이 경기를 주도하고 있다.

그런데도 당신은 '큰일났다. 실수했어. 상대에게 역전당할 거야'라며 초조해하다가 또 다른 실수를 저지른다. 작은 실수 하나에 마음의 여유를 잃어버리고 또 다른 실수를 한다. 그러다 결국 상대의 페이스에 말려 패배의 쓴잔을 마시게 된다.

'집중력을 잃으면 안 된다'라는 생각이 오히려 초조함을 부른다.

사람은 단차가 큰 계단에서보다 고작 몇 센티미터 밖에 되지 않는 턱에서 더 많이 넘어진다. 낮아서 잘 보이지 않는 턱이 더 걸리기 쉬운 법이다. 따라서 '집중력은 흩어지기 마련'이라고 생각하며 미련을 버리고 새 기분으로 다시 집중할 수 있는 기술을 익혀야 한다.

흩어진 집중력을 다시 모으려면 일단 휴식이 필요하다. 집중력에도 '에너지의 소비와 보충'이 필요하다. 무언가에 집중하면 에너지가 소비되지만, 휴식을 취하면 에너지는 회복된다. 중간 중간 휴식을 취하며 에너지를 아껴놓으면 중요한 때에 높은 집중력을 발휘할 수 있다.

'집중력을 잃었더라도 다시 한 번 집중하면 된다'라고 생각해야 스스로 무너지지 않는다.

한 시간의 자유시간으로
활력을 찾아라

● 지금을 소중히 하라

확실한 인생의 목표를 세우고 실현을 위해 노력하는 것은 좋은 일이다. 다만 그 전에 우리는 과거나 미래가 아니라 지금이라는 순간을 살고 있다는 사실을 반드시 가슴에 새겨야 한다.

'정리해고 당하면 어쩌지'라며 앞날에 대한 불안과 공포를 끌어안고 쓸데없는 걱정을 하거나 '그때 더 열심히 해야 했는데'라며 과거의 일을 곱씹고 있을 시간이 있다면 그 시간에 지금을 더 소중히 생각하자. 나는 이렇게 외치고 싶다. "지금 행복하지 않으면 언제 행복해질 것인가!" 지금이라는 시간에 몰두해보자. 마음의 불안과 스트레스가 사라질 것이다.

● 한 시간의 자유시간을 확보하라

나는 예전부터 아무리 바빠도 최소 하루에 한 시간은 하고 싶은 일에 몰두해야 한다고 주장해왔다. 여기서 하고 싶은 일이란 무엇보다 가장 우선해서 지켜야 하는 일이고, 그 일을 하지 않으면 사는 의미가 없는 일이다.

제임스 로어 박사도 '어떻게 해서든 하루에 최소 한 시간, 자유시간을 확보하라'고 주장했다. 빈둥거리며 보낼 시간을 만들라는 의미가 아니라 무언가에 몰두해서 정신을 쉬게 할 시간이 필요하다는 의미다.

프로 골프 선수 마쓰야마 히데키(松山英樹)와 프로 테니스 선수 니시코리 케이의 비즈니스 관련 매니지먼트를 담당하는 세계 최대 스포츠 에이전시 IMG의 창업자 마크 맥코맥(Mark Hume McCormack)은 자유시

최선을 다해 '지금'을 사는 것이야말로 행복한 미래를 만드는 요령이다.

간을 누구보다 철저히 지킨 사람이었다.

그는 2003년에 세상을 떠났지만 생전에는 미국에서 가장 바쁜 사람 중 한 명이었다. 하지만 매일 분 단위로 스케줄을 소화하면서 하루에 한 시간은 꼭 테니스를 즐겼다. 그는 자신의 생각을 다음과 같이 밝혔다.

> 눈코 뜰 새 없이 바쁘면서 왜 매일 한 시간씩 테니스를 꼭 치냐고 요? 제가 분 단위로 바쁘게 일하는 이유는 테니스를 칠 한 시간을 확보하기 위해서랍니다. 저에게는 테니스가 에너지의 원천입니다.

이와 같은 사고방식이 스트레스를 이겨내는 강한 내성과 집중력을 키울 수 있었던 비결이었다. 지금 바로 당신의 주간 일정표를 펼쳐 당신이 하고 싶은 일을 가장 위에 적어보자. 아무리 짜내도 한 시간의 자유시간을 확보할 수 없다면 아래에 제시한 시간대를 활용해보자.

① 아침 출근 전 한 시간
② 출퇴근 지하철에서 보내는 한 시간
③ 점심시간 30분
④ 퇴근 후 한 시간
⑤ 씻고 잠들기 전 30분

무언가에 몰두할 수 있는 한 시간을 확보하면 새로운 재능 하나를 얻게 될 것이다.

사적인 시간이 즐거워지면 공적인 시간의 효율도 올라간다.

단순 작업을 명상의 시간으로 활용하라

현대인에게는 개인 시간을 확보하는 일이 놀라울 정도로 어렵다. 일정을 확인해보면 거의 모든 시간의 행동이 제삼자와 얽혀있다. 게다가 다들 그것을 당연하게 받아들이고 있다. 하지만 생각해보라. 불과 100년 전만 해도 사람은 하루 중 많은 시간을 100퍼센트 스스로 관리했다.

당신이 스마트폰과 눈싸움을 하느라 하루에 몇 시간을 버리고 있는지 생각해본 적이 있는가? 일본 내각부의 '2018년도 청소년 인터넷 이용환경 실태조사'에 따르면 만 10~17세 청소년이 스마트폰 이용에 소비하는 시간은 하루 평균 2시간 49분에 달했다. 그런데도 몰두하고 싶은 일이 없거나, 좋아하는 일에 투자할 한 시간을 확보하기 어렵다고 생각한다면 10분이라도 좋으니 설거지나 커피를 내리는 것과 같은 단순 작업에 집중해보자.

● 설거지로 무의 경지에 들어서다

나는 예전에 자취를 하다가 우연히 설거지의 즐거움을 발견했다. 그릇을 반짝반짝하게 닦다 보면 자연스럽게 '무의 경지'에 들어갔다. 나는 지금도 특별한 일이 없으면 매일 10분간 설거지를 하면서 명상의 시간을 갖는다.

나는 그 시간에 마음을 담아 설거지에 몰두하는 즐거움보다는 집중이란 어떤 것인지를 배웠다. 단순 작업을 하면서 새로운 능력 하나를 얻은 것이다. 이 능력은 일할 때도 응용할 수 있다. 집중력을 높이고 싶다면 단순 작업을 명상의 시간으로 활용해보자.

단순 작업의 즐거움

설거지, 구두닦기, 욕실 청소 같은 단순 작업에 열중해보자!

어떻게 보면 이것은 무의 경지···

생각을 비운다

마디로 하면 명상에 가깝다

쏴아

즉 '집중하고 있다'는 뜻이에요

매일 이런 시간을 가지면 집중력을 올릴 수 있어요!

집 · 중

참고로 업무 중에 하는 단순 작업을 투덜거리며 하지 말고

몰두해서 하다 보면 오히려 재미있어 진답니다 ♥

모든 시간을 본인의 성장을 위해 쓴다고 생각하자.

일이 재미없는 이유는 업무 내용 때문이 아니라 일하는 사람의 마음가짐 때문이다. 일반적으로 '단순 작업을 하는 시간은 다른 사람이 관리하는 시간'이라고 착각하지만, 마음먹기에 따라서는 자신만의 소중한 개인 시간이 될 수도 있다. 단순 작업을 하는 시간이야말로 우리의 본 모습을 되찾을 수 있는 '회귀의 시간'이다.

어차피 할 일이라면 투덜거리지 말고 즐기면서 효율적으로 처리할 수 있는 아이디어를 생각해보자. 그 아이디어가 당신을 집중력의 달인으로 만들어줄 뿐만 아니라 효율적으로 단순 작업을 마칠 수 있도록 도와줄 것이다.

COLUMN 3

집중력을 높이는 시선 고정 트레이닝

손쉽게 집중력을 높일 수 있는 트레이닝법이 있다. 집중력은 시선과 관계가 깊어서 시선의 움직임을 보면 선수의 심리 상태를 쉽게 알 수 있다. 집중력이 떨어졌을 때는 시선이 불안하게 흔들린다. 반대로 높은 집중력을 보일 때는 시선이 한 곳에 고정된다. 따라서 집중력을 높이고 싶은 사람에게는 시선 고정 트레이닝을 추천한다.

방법은 어렵지 않다. 손바닥 가운데에 있는 손금의 교차점에 시선을 고정한다. 처음에는 10초로 시작해서 한 번에 최대 1분간 교차점에 시선을 고정할 수 있을 때까지 점차 시간을 늘려간다. 눈은 깜박여도 괜찮다. 하루에 3~5회, 1회에 3분 정도 시선 고정 트레이닝을 하면 집중력을 높일 수 있다.

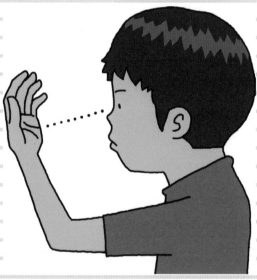

시선 고정 트레이닝은 손바닥 가운데에 있는 손금의 교차점을 10초 동안 바라보는 것부터 시작한다.

제5장

기억의 달인이 되는 기술

기억력을 높이는 관심, 오감, 반복

기억력 향상은 실력을 올리고 싶어 하는 현대인들이 큰 관심을 보이는 주제 중 하나다. 서점에 가면 기억력을 높이는 방법을 소개한 책들이 빼곡히 꽂혀 있다. 나는 기억력은 타고나는 능력이 아니라 기술이라고 생각한다. 기억력이 좋은 사람을 보면 반드시 '쉽게 기억하는 기술'을 가지고 있고, 그 기술은 대부분 뇌가 정보를 기억하는 원리에 근거한 방법이다. 다시 말해 방법만 알면 누구나 기억의 달인이 될 수 있다.

기억에 필요한 요소는 세 가지다. 아무리 열심히 노력해도 이 세 가지 요소가 부족하면 해당 정보는 기억으로 정착되지 않는다.

① 관심을 가진다

뇌는 관심이 있는 대상물을 먼저 기억하고, 반대로 관심이 없는 대상물은 자동으로 지운다. 따라서 기억력을 높이고 싶다면 우선 대상물에 관심부터 가져야 한다. 애당초 기억하고 싶은 대상에 관심이 없을 리가 없으니 그리 어려운 일은 아니다.

다만 입시나 자격증 시험을 위한 공부라면 관심이 없는 부분이라도 기억해야 할 때가 있다. 이때는 왕성한 호기심을 발휘해 최대한 관심을 가지려고 노력해야 한다. 관심을 가지고 다양한 각도에서 내용을 자세히 들여다보다 보면 어느새 자연스럽게 머릿속에 들어가 있을 것이다.

② 오감을 활용한다

대상을 기억할 때 오감을 활용해서 복잡한 요소를 추가하면 더 선명하게 기억할 수 있다. 예를 들어 '레몬'을 기억하고 싶다면, 레몬이라는 단어에 신맛(미각), 좋은 향기(후각), 인상적인 노란색(시각), 표면을 만질 때 나는 뽀드득 소리(청각), 매끈매끈한 감촉(촉각)을 더해 기억한다. 시각, 청각, 촉각, 미각, 후각이라는 오감을 활용해서 기억 데이터를 보강하면 대상을 더 확실하게 기억할 수 있다.

③ 반복해서 떠올린다

이른바 '리허설 효과'라 불리는 뇌의 기능을 활용하면 기억력을 높일 수 있다. 기억은 시간이 지나면 점점 흐려지기 마련이다. 그래서 때때로 머릿속에서 리허설을 하듯이 정기적으로 다시 떠올리면 기억을 오래 유지할 수 있다. 이와 관련된 자세한 내용은 5-4에서 다시 살펴보자.

무언가를 기억하고 싶다면 관심을 가지고 오감을 활용해 기억한 다음, 때때로 다시 떠올려줘야 한다.

장기기억과 단기기억

인간의 뇌 기능은 나이가 들수록 떨어지고 그로 인해 기억력도 떨어진다. 하지만 습관적으로 기억력을 사용하면 나이가 들어도 뇌의 노화를 늦출 수 있다. 인간의 기억은 커다란 대뇌 신피질에 분산 저장되는 '장기기억'과 성인의 엄지손가락만 한 작은 해마에 일시적으로 저장되는 '단기기억'으로 나눌 수 있다.

장기기억은 몇 년이 지나도 다시 떠올릴 수 있지만, 단기기억은 불안정한 상태라 금세 잊힌다. 예를 들면 나이가 지긋하신 분들이 옛날에 겪은 인상적인 사건은 생생히 기억하시면서 그날 아침에 드신 음식은 기억하지 못하는 모습을 본 적 있을 것이다.

● 워킹 메모리란?

기억력을 높이고 뇌를 활발하게 움직이게 하려면 쉽게 지워지는 전형적인 단기기억인 '워킹 메모리' 기능을 단련해야 한다. 작업 기억이라고도 부르는 워킹 메모리는 일상생활에 필요한 정보를 일정 시간 저장해두었다가 필요할 때 활용하는 기능이다.

워킹 메모리로 기억하는 정보는 주로 해마에 일시적으로 저장되며, 이 중 장기기억으로 바뀌 오랫동안 기억해야 할 내용은 자동으로 대뇌피질 어딘가로 이동해 반영구적으로 저장된다.

낮에 슈퍼마켓에서 장을 봐서 냉장고에 보관했다고 하자. 그렇다면 저녁 식사 준비를 마칠 때까지는 일시적으로 이 일을 기억하고 있어야 한다. 이때 그 정보를 기억하는 시스템이 워킹 메모리다. 또는 수첩에 적혀 있던 친구의 전화번호를 확인하고 휴대전화 버튼을 누르는 몇 초간 그

번호를 기억하는 것도 워킹 메모리다. 평소에 다른 사람과 대화할 때도 워킹 메모리를 이용해 일시적으로 상대의 말을 기억해야 자연스럽게 소통할 수 있다.

우리는 저녁거리가 냉장고에 있다는 사실을 기억하거나 전화번호를 외우고, 다른 사람과 대화하는 일을 무의식중에 하지만, 만약 워킹 메모리에 문제가 생기면 전화를 거는 단순한 일조차 힘들어진다. 평소에는 당연하게 하던 일이지만 사실 우리가 평화로운 일상생활을 영위할 수 있는 것은 워킹 메모리 덕분이다. 그리고 워킹 메모리를 단련하면 기억력도 높일 수 있다.

참고로 워킹 메모리에 저장된 기억이 금세 지워지는 데는 이유가 있다. 냉장고에서 음식 재료를 꺼내 저녁을 만들고 나면 더는 음식 재료를 기억할 필요가 없다. 그런 사소한 것 하나하나까지 다 기억하면 오히려 일상생활에 문제가 생길 뿐이다.

워킹 메모리는 일시적인 기억 저장소다.

워킹 메모리를 단련하라

기억은 '서술 기억'과 '절차 기억'으로 나눌 수도 있다. 서술 기억은 우리가 흔히 말하는 지식이며, 유동성 지능이라고도 한다. 한편 절차 기억은 감각기관을 통해서 습득한 기억 전체를 가리킨다. 예를 들어 테니스의 서브 동작은 비(非)서술적 기억이며 반복된 절차를 거쳐 습득된다.

그림 23을 통해 뇌가 상황에 따라 기억을 이용하는 원리를 살펴보자. 운전 중에 교차로 신호가 노란불로 바뀌면 그 상황을 '시각 기억'이 인식한다. 눈앞의 풍경을 순간적으로 읽어 들이고 몇 십 분의 1초 단위로 기억한다.

그다음 시각 기억(신호가 노란불이라는 사실)이 워킹 메모리로 이동해 일시적으로 저장된다. 동시에 장기기억에서 꺼내진 정보(노란불 신호에 대응하는 적절한 지식)가 워킹 메모리에 더해지면서 행동 지침(브레이크를 밟아서 멈출지, 액셀러레이터를 밟아서 통과할지)을 제시한다.

● 장 볼 때 메모를 보지 않기

이처럼 단기기억의 하나인 워킹 메모리는 행동을 결정할 때 중요한 역할을 하며 기억력도 높여준다. 따라서 뇌를 젊게 유지하고 싶다면 쉬지 않고 기억을 꺼냈다 넣었다 하는 워킹 메모리를 일상생활에서 적극적으로 활용해야 한다. 슈퍼마켓이나 편의점에 물건을 사러 갈 때 구매할 물건의 목록을 적어 가는 것도 좋지만, 우선은 메모를 기억해서 보지 않고 물건을 구매해보자. 또 아침에 일어났을 때 전날 저녁에 먹은 식단을 떠올려 보거나 그날 방문할 거래처 담당자의 얼굴과 이름을 외워보자.

앞에서 설명했듯이 단기기억은 상대적으로 용량이 적어서 한 번에 기억할 수 있는 정보가 5~9개 정도다. 조지 밀러(George Miller)가 1956년에 발표한 논문 「매직넘버 7±2」에 따르면 인간은 무언가를 처음 기억할 때 한 번에 기억할 수 있는 용량이 최대 9개라고 한다.

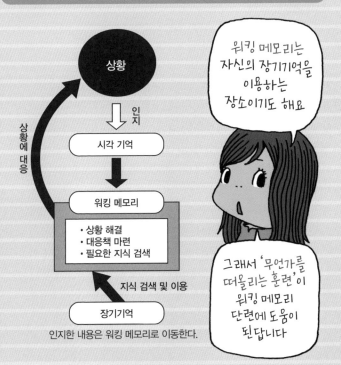

그림 23 뇌가 상황에 따라 기억을 이용하는 원리

근력 트레이닝법을 활용해 기억력을 높여라

학습한 내용을 단기기억에서 장기기억으로 옮기는 가장 효과적인 방법은 반복 학습이다. 이 사실을 실험을 통해 확인해보자. 아래에 의미가 없는 단어 열 개가 있다. 이 단어를 제한 시간 안에 외워보자. 단어 하나당 제한 시간은 5초다.

고마구 강난주 미유지 구바라 양이송
라드한 나바무 타리코 마사인 노지오

외운 후에는 복습하지 않는다. 그리고 20분 후, 1시간 후, 그리고 6시간 후에 얼마나 정확히 기억하는지 확인해보자.

이 실험을 통해 헤르만 에빙하우스(Hermann Ebbinghaus)의 망각곡선 이론을 설명할 수 있다. 독일의 심리학자 에빙하우스는 의미 없는 철자를 조합한 단어를 피실험자에게 암기하도록 한 다음, 단어를 언제까지 정확하게 기억하는지 실험했다.

예를 들어 5개의 단어를 외우는데 처음에는 5분이 걸렸다고 하자. 그리고 30분이 지나 몇 개는 잊어버렸을 때쯤 5개의 단어를 다시 한 번 외우게 한다. 다시 외우는 데 1분이 걸렸다면 재암기에 걸린 시간은 처음의 5분이 1인 셈이다. 4÷5=0.8이므로 암기에 걸리는 시간을 80퍼센트나 절약했다.

이 비율을 절약률이라 정의했을 때, 경과 시간별로 절약률을 비교한 결과가 그림 24에 나와 있다. 20분 후의 절약률은 58퍼센트, 한 시간 후에는 44퍼센트, 하루 뒤에는 26퍼센트, 일주일 뒤에는 23퍼센트, 한 달 뒤에는 21퍼센트였다.

여기서 우리는 기억이 저장된 후에 급속도로 지워지기 시작하고, 한 시간이 지난 후에 같은 내용을 다시 외우려면 처음 걸렸던 시간의 절반 이상을 다시 투자해야 한다는 사실에 주목해야 한다. 공부할 때는 한 시간 안에 복습해야 효과적이라는 의미다. 복습을 하면 당연히 절약률이 올라간다. 따라서 한 시간 후에 첫 복습을 했다면 24시간 후에 다시 한 번 복습해서 장기기억으로 만들어보자.

기억은 근력운동과 비슷하다. 근력을 키울 때는 훈련을 매일 하는 것보다 격일로 하는 것이 좋다. 초과회복 현상이 발생해 근력 수준이 큰 폭으로 향상하기 때문이다. 휴식 중에 운동으로 손상된 근육이 회복돼서 운동하기 전보다 근육량이 늘어난다.

기억을 할 때도 복습과 복습 사이에 기억한 정보를 정리해서 정착시킬 휴식 시간이 필요하다. 따라서 무조건 복습하기보다는 일정한 시간 간격을 두고 복습하는 편이 더 효과적이다.

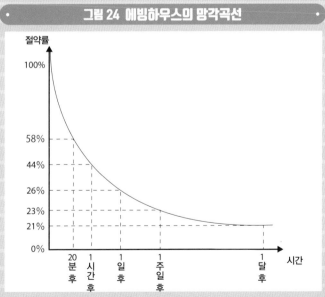

그림 24 에빙하우스의 망각곡선

무언가를 암기할 때는 한 시간 후에 첫 번째 복습을 하고, 24시간 후에 두 번째 복습을 하는 방식이 효과적이다. 어느 정도 휴식 시간이 필요하다.

모든 감각기관을 동원하라

지금까지 설명했듯이 기억력의 달인이 되는 일에 재능은 필요치 않다. 나는 기억은 기술이라고 생각한다. 선명하게 기억하는 기술만 익힐 수 있다면 기억을 장기기억으로 바꿔서 뇌 속에 안정적으로 정착시킬 수 있다.

기억에서 가장 중요한 부분은 기억하는 작업이 아니라 기억한 내용을 다시 떠올리는 작업이다. 참고로 뇌 기능이 떨어지면 불안정한 기억은 당연히 지워지고, 정확하게 기억하고 있던 내용조차 떠올리지 못한다. 그렇다면 정착된 기억을 떠올리는 능력을 높이려면 어떻게 해야 할까?

5-1에서 설명했듯이 감각기관을 100퍼센트 활용해야 한다. 인간에게는 '시각, 청각, 미각, 후각, 촉각' 오감만이 아니라 '압각, 통각, 온도감각, 운동감각, 평형감각, 기관감각'까지 크게 나누어도 11개나 되는 감각기관이 있다.

● 더 예민한 감각을 이용하라

압각이나 통각은 오감보다 훨씬 강렬한 기억으로 남는다. 그래서 불꽃 축제 현장에서 인파에 밀렸던 기억이나 계단에서 굴러떨어졌던 기억은 좀처럼 쉽게 잊히지 않는다. 따라서 감각기관을 최대한 활용해서 기억하면 정보를 당신의 머릿속에 확실하게 새길 수 있다. 그뿐만 아니라 엄청난 양의 각종 정보를 기억하고 떠올리는 일이 원활하게 이루어져서 심지어 재미있어질 정도다.

예를 들어 '바늘'을 기억할 때 바늘 끝으로 손바닥을 콕콕 찌르는 감각을 활용하면 확실하게 기억할 수 있다. 또한 '양동이'를 기억하고 싶을 때 배 위에 물이 가득 담긴 양동이를 올려놓고 힘들어하는 장면을 그리면 더 선명한 기억을 만들 수 있다.

　머리만이 아니라 몸을 움직여서 기억하는 방법도 좋다. 영어 단어를 외울 때 단순히 머리로만 단어를 외우려고 하지 말고, 단어를 보고(시각), 손으로 써보며(촉각, 운동감각), 소리 내어 말하고 들어보자(청각). 훨씬 효율적으로 외울 수 있고, 외운 후에도 쉽게 잊어버리지 않는다.

여러 가지 감각을 함께 이용하면 더 확실하게 기억할 수 있다.

중요한 것은 잠자기 전에 외워라

'잠자기 전 공부법'은 많은 사람이 애용하는 방법이다. 잠자리에 들기 전과 아침에 눈을 뜬 직후 각 15분을 활용해서 무언가를 외우면 놀라울 만큼 잘 외워진다. 이와 관련해 미국의 심리학자 존 젠킨스(John Jenkins)와 칼 달렌바흐(Karl Dallenbach)가 발표한 유명한 연구 결과가 있다. 그들은 두 명의 대학생을 대상으로 실험을 했다.

한 명에게는 밤에 잠자리에 들기 전에 의미가 없는 단어(예를 들면 NOJ, RDE, KSY 등) 열 개를 외울 때까지 반복해서 읽게 하고, 암기한 후에 바로 잠자리에 들게 했다. 그 뒤에 1, 2, 4, 8시간 후에 그를 깨워서 자기 전에 외웠던 단어를 얼마나 기억하는지 확인했다.

그리고 다른 한 명에게는 똑같은 실험을 낮에 실시했다. 외운 후에 잠을 잤는지, 깨어있었는지에 따라 기억 유지에 생기는 차이를 비교하기 위해서였다. 그 결과가 그림 25에 나와 있다.

잠자리에 들고 두 시간이 지나면 외운 단어의 절반은 잊어버렸지만, 그 이후에는 거의 잊어버리지 않았다. 하지만 잠을 자지 않았을 때는 한 시간 후에 60퍼센트, 두 시간 후에는 70퍼센트를 잊어버렸고 여덟 시간이 지나자 10퍼센트밖에 기억하지 못했다.

● 새로운 정보가 들어오면 기억이 업데이트 된다

깨어있으면 머릿속으로 다양한 정보가 들어오고, 기억의 용량에는 한계가 있으니 불완전한 기억은 점차 지워질 수밖에 없다. 반면 수면 중에는 새로운 정보가 들어오지 않으니 기억을 보전할 수 있다.

이 기억법의 포인트는 잠에서 깨어나면 반드시 잠자기 전에 외운 내용을 복습해야 한다는 것이다. 처음 외웠을 때의 기억은 불안정하지만, 잠에서 깨어난 후에 복습을 하면 완벽하게 장기기억으로 정착시킬 수 있다.

암기의 효율을 높이고 싶다면 잠들기 전에 외우고 다음날 눈 뜨자마자 복습하는 방법을 추천한다. 수면 전후는 일반적으로 누구에게도 방해받지 않는 매우 귀한 시간이다. 되도록 매일 수면 전후로 15분, 합쳐서 30분을 암기에 투자해보자. 매일 이 시간대에 무언가를 암기하는 습관이 생기면 일 년에 180시간 이상의 '암기 전용 시간'을 확보할 수 있다.

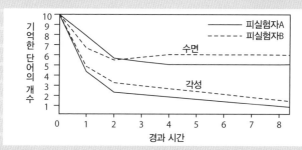

그림 25 젠킨스와 달렌바흐의 실험

초기에는 수면 여부와 상관없이 어느 정도 잊어버리지만, 약 두 시간이 지나면 수면 중인 사람은 잊어버리는 속도가 현저히 줄어든다. 반대로 깨어있는 사람은 계속해서 기억이 지워진다.

얼굴과 이름을 외울 때
20초를 투자하라

기억력을 높이는 효과적인 방법 중에 '초면인 사람의 얼굴과 이름 기억하기'가 있다. 나는 사업상 만나는 많은 사람의 얼굴과 이름을 빠르게 외우는 기술을 전수받아 사업 실적을 올리는 무기로 활용하고 있다.

이 방법을 설명하기 전에 먼저 기억의 기본 규칙인 '20초 규칙'에 관해서 간단히 살펴보자. 20초 규칙은 특정 정보를 20초 동안 외우면 그 기억은 자연스럽게 장기기억이 된다는 기억의 기본 기술이다. 여기서는 '20초'라는 시간이 중요하다. 20초는 실제 메이저리그에서 일어났던 사건을 바탕으로 산출한 시간이다.

예전에 메이저리그에서 활약하던 한 야구선수가 머리에 공을 맞고 기절해서 병원으로 실려 간 일이 있었다. 다행히 의식은 돌아왔지만 공을 맞은 충격으로 직전 20초 동안의 기억이 모두 날아가버렸다. 이 사고로 직전 20초 동안의 기억은 매우 불안정하다는 사실이 밝혀졌다. 뒤집어 말하면 무언가를 외울 때 20초만 투자하면 그 기억을 단기기억에서 장기기억으로 바꿔 안정적으로 정착시킬 수 있다는 말이기도 하다.

누구나 한 번쯤은 집을 나서고 나서 '전등을 껐던가?' 또는 '가스 밸브를 잠갔던가?'라는 생각에 불안했던 적이 있을 것이다. 물론 나도 있다. 한 번 신경이 쓰이기 시작하면 불안해져서 결국 급히 다시 돌아가는 사람도 있다. 이런 문제는 집을 나서기 전에 20초 동안 '전등 껐음', '가스 밸브 잠갔음'을 되뇌면서 확인하는 습관을 들이면 간단히 해결할 수 있다.

장기기억으로 바뀌기 전의 기억은 쉽게 지워진다.

● 얼굴과 이름을 기억하는 최고의 기술

이 방법을 응용하면 초면인 사람의 얼굴과 이름을 20초 만에 기억할수 있다. 설명을 위해 '김철수 대리'라는 사람과 명함을 교환했다고 가정해보자. 우선 명함을 교환하면서 상대에게 "김철수 대리님은 이 일을얼마나 담당하셨습니까?" 또는 "김철수 대리님은 고향이 어디세요?"와 같은 질문을 던진다. 이때 반드시 상대의 이름을 불러가며 대화를한다.

그렇게 일상적인 대화를 주고받으면서 명함과 김철수 대리의 얼굴을20초 동안 3초 간격으로 번갈아 본다. 물론 이때 이름과 얼굴을 기억하려고 노력해야 한다. 이렇게 하면 김철수 대리의 얼굴과 이름을 일치시켜서 기억할 수 있다. 박자도 중요하다. 3초씩 박자에 맞춰 기억하면 뇌에더 잘 새겨진다. 박자에 맞춰 3초씩 7회 반복해서 외운다.

이 방법에서 가장 중요한 부분은 실제 외웠는지를 확인하는 작업이다.외웠다고 생각했지만 의외로 잊어버리는 사람이 많다. 그래서 외운 다음에는 한동안 다른 일에 하며 잠시 시간을 보낸 뒤에 기억한 내용이 머릿속에 남아있는지 다시 한 번 확인해야 한다. 이렇게 확인 작업까지 거치면기억은 완벽하게 뇌에 새겨진다. 물론 이 방법은 이름과 얼굴뿐만 아니라그 밖의 다양한 기억을 장기기억으로 정착시킬 때도 응용할 수 있다.

이때도 역시 기억을 '떠올리는 작업'이 중요하다.

COLUMN 4

나이를 먹을수록 워킹 메모리 기능은 점점 더 빨리 떨어진다. 워킹 메모리는 일상생활에 필요한 일시적 기억(단기기억)을 저장하는 보관소라고 할 수 있다. 그래서 이번 칼럼에서는 단기기억력을 높이는 단기기억 트레이닝법을 소개하려고 한다.

먼저 일곱 자리 숫자를 메모지에 적고 뒤집어 두자. 그다음 아래 그림에 있는 미로를 복사해서 시작부터 끝까지 정확한 경로를 연필로 그려본다. 미로를 푼 다음, 조금 전에 적었던 숫자를 떠올려서 뒤집어 놓은 메모지에 적는다. 앞뒤를 비교했을 때 숫자가 다르다면 여섯 자리 숫자가 맞을 때까지 훈련을 계속한다. 일곱 자리를 다 맞췄다면 여덟 자리 숫자로 같은 훈련을 반복한다. 이 훈련을 꾸준히 하면 단기기억력이 좋아져 지금보다 훨씬 안정적으로 정보를 기억할 수 있게 된다.

미로 문제

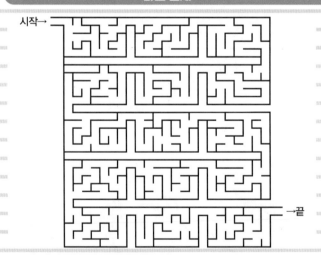

미로를 푸는 일에 집중하다 보면 처음에 적은 숫자를 떠올리기 어렵다. 미로의 정답은 책 마지막 페이지에 있다.

제6장

의욕을 높이는 기술

목표는
스스로
정해야
해요!

자신의 의욕 수준을 확인하라

아무리 노력해도 가장 중요한 의욕(동기부여)이 생기지 않는다면 실력 향상은 기대하기 어렵다. 우선 그림 26에 나와 있는 '의욕도 체크 시트'를 이용해서 자신의 의욕이 어느 정도인지 확인해보자. 의욕을 좌우하는 요소를 전문용어로 모티베이터(Motivator)라고 한다. 스포츠 세계에서도 모티베이터를 찾아 동기를 부여하는 기술은 가장 중요한 요소 중 하나다.

심리학에서는 사람이 특정 행동을 하게 만드는 원인을 '동인(drive)'이라고 한다. 메이저리그에서 활약한 오타니 쇼헤이의 머릿속을 가득 채운 '야구가 좋다, 야구를 하고 싶다'라는 생각이 바로 동인이다. 하지만 이러한 동인만 가지고는 일류 선수가 될 수 없다.

오타니의 가슴 속에는 야구를 하게 만드는 동인과 동시에 '메이저리그에 진출해서 활약하겠다'는 구체적인 목표가 자리 잡고 있었다. 이 목표를 심리학에서는 '유인(inducement)'이라고 한다. '야구가 좋다. 야구를 하고 싶다'라는 동인이 '메이저리그에 진출해서 활약하겠다'는 높은 수준의 유인과 합쳐져 강력한 모티베이터로 작용했고, 오타니에게 강한 의욕을 불어넣은 것이다.

물론 최고의 모티베이터는 사람마다 각자의 관심사와 상황에 따라서 달라진다. 대출이라도 받아서 자기 집을 짓고 싶어 하는 사람에게는 연봉 인상이 최고의 모티베이터가 될 테고, 일반 사원에서 관리직으로 올라가야 할 나이대의 직장인이라면 승진이 강력한 모티베이터가 된다.

그림 26 의욕도 체크 시트

아래 30개의 항목을 읽고 '네'와 '아니오' 해당 정도에 따라 숫자에 '○'를 그려주세요.	네	←		→	아니오
1. 다른 사람에게 칭찬받을 만한 특기가 있다	5	4	3	2	1
2. 항상 꿈을 위해 노력할 에너지가 가득하다	5	4	3	2	1
3. 평상시 의욕을 높이기 위해 고민하고 공부한다	5	4	3	2	1
4. 금전적인 면에는 그다지 집착하지 않는 편이다	5	4	3	2	1
5. 꾸짖기보다는 칭찬을 먼저 하는 편이다	5	4	3	2	1
6. 주말에는 충분한 휴식을 취하며 다음 주에 쓸 체력을 회복하는 일에 집중한다	5	4	3	2	1
7. 무슨 일이든 그럭저럭 잘하지만, 특별한 특기가 없다	1	2	3	4	5
8. 자신의 꿈을 항상 마음속에 그리고 그에 맞춰 행동한다	5	4	3	2	1
9. 위기가 닥쳐도 절대 의욕을 잃지 않는다	5	4	3	2	1
10. 언젠가 가장 높은 곳에 오르겠다는 욕구는 누구에게도 지지 않는다	5	4	3	2	1
11. 가족이나 친구들과의 소통을 항상 중요하게 생각한다	5	4	3	2	1
12. 업무 효율이나 시간 단축이 중요하다고 생각해본 적이 없다	1	2	3	4	5
13. 특기 분야에 집중해서 실력을 높이는 일에 최선을 다한다	5	4	3	2	1
14. 최선을 다해 열심히 노력하지만 가끔 목표를 잃어버릴 때가 있다	1	2	3	4	5
15. 최근 의욕이 전혀 생기지 않는다	1	2	3	4	5
16. 물욕이 다른 사람들보다 왕성하다	5	4	3	2	1
17. 항상 다른 사람 관점에서 생각한다	5	4	3	2	1
18. 항상 체력관리에 신경 쓴다	5	4	3	2	1
19. 바쁜 일정에 쫓겨 하고 싶은 일에 열중할 수 없다	1	2	3	4	5
20. 자신이 모든 일에서 '완벽주의자'에 가깝다고 생각한다	5	4	3	2	1
21. 사명감을 가지고 어떻게 해서든 해내야 한다는 패기가 넘친다	5	4	3	2	1
22. 가족에게 더 나은 생활을 제공하고 싶다는 마음이 유독 강하다	5	4	3	2	1
23. 대인관계에서 문제를 자주 일으키는 편이다	1	2	3	4	5
24. 책상 위는 항상 깨끗하게 정리한다	5	4	3	2	1
25. 목표를 정하고 행동하는 일에 서툴다	1	2	3	4	5
26. 꿈이 있기에 작은 역경에는 굴하지 않는다	5	4	3	2	1
27. 아침에 일어나면 '오늘도 힘내자!'라는 생각이 든다	5	4	3	2	1
28. 월급이나 직함이 강력한 모티베이터로 작용한다	5	4	3	2	1
29. 현재 조직 내 인간관계에 심각하게 고민 중이다	1	2	3	4	5
30. 일하기 편한 환경을 만들기 위해 항상 신경 쓴다	5	4	3	2	1

총점이 35점…

나는 50점…

지금은 점수가 낮아도 괜찮아요 앞으로 고쳐가면 되니까요!

● 내적 모티베이터와 외적 모티베이터

모티베이터에는 '내적 모티베이터'와 '외적 모티베이터'가 있다. 우선 외적 모티베이터에는 경제적 보상, 직함, 지위 등이 있다. 물론 외적 모티베이터도 강력한 동기를 부여하지만, 나는 가장 강한 동기를 부여하는 요소는 내적 모티베이터여야 한다고 생각한다. 외적 모티베이터는 확실히 매력적이고 특정 행동을 계속할 수 있는 큰 힘이 되어주지만, 지속성이란 측면에서는 내적 모티베이터를 따라갈 수가 없다.

미국의 심리학자 에드워드 데시(Edward L. Deci)는 "내적 동기로 유발된 행동이란 그 행동을 하면서 스스로 '자신은 이 행동에 뛰어나고 내가 결정을 내릴 수 있다'고 느끼는 행동이다"라고 주장했다.

뉴욕양키즈의 대표선수였던 다나카 마사히로(田中將大)가 라쿠텐골든이글스에 입단했을 당시 노무라 가쓰야(野村克也) 감독은 다나카가 변화구로 타자를 공격하는 방식이 마음에 들지 않았다.

결국 노무라 감독은 다나카를 감독실로 불러 "넌 신인이니까 직구로 승부를 봐야 일류 선수가 될 수 있다"고 조언했다. 하지만 다나카는 대답했다. "제 방식대로 하게 해주십시오. 그래서 패전 투수가 된다면 언제라도 2군으로 내려갈 각오가 되어있습니다."

이 일화를 보면 다나카가 '자기 방식을 관철하겠다(유능성)'와 설령 감독의 뜻을 거스르는 일일지라도 '투구법은 스스로 정하겠다(자기결정)'라는 두 가지 요소를 얼마나 중요하게 생각했는지 알 수 있다.

이처럼 본인의 의지로 연습에 매진하는 '자율성'은 대표적인 내적 모티베이터이며, 실력을 확실하게 끌어올려 주는 요소다.

의욕도 체크 시트의 결과

130점 이상	당신의 의욕은 최고 수준입니다
110~129점	당신의 의욕은 뛰어난 수준입니다
90~109점	당신의 의욕은 평균 수준입니다
70~89점	당신의 의욕은 낮은 수준입니다
69점 이하	당신의 의욕은 최저 수준입니다

내적 모티베이터가 있으면 인간은 끝없이 성장할 수 있다.

의욕 생성의 원리를 이해하라

앞에서 설명했듯이 의욕(동기부여)이야말로 실력 향상을 촉진하는 원동력이다. 아무리 재능이 차고 넘쳐도 의욕이 없으면 행동으로 이어지지 않는다. 그런데 의욕도 뇌의 몇 군데 영역과 관련이 있다. 여기서 의욕이 생기는 원리에 관해 간단히 집어보자.

어떤 사람이 '추운 겨울 아침에 걷기 운동을 하겠다'는 마음을 먹었다고 하자. 그러면 먼저 의지를 관장하는 전두연합영역에 '추운 겨울 아침에 하는 걷기 운동'에 관한 다양한 정보가 모인다. 의욕도 그중 하나다.

그렇다면 의욕은 어떻게 생기는 것일까? 그림 27을 참고해 의욕이 생길 때까지의 흐름을 살펴보자. 우선 기억을 담당하는 해마가 과거의 기억을 꺼낸다. 그다음 해마의 끝 쪽에 자리잡고 감정을 관장하는 편도체와 정보를 주고받으며 대상에 관해 좋고 싫음을 결정한다.

● 전두연합영역과 측좌핵의 미묘한 신경전

이때 '의욕의 수준'은 전두연합영역과 편도체의 경계에 있는 측좌핵이 조절한다. 측좌핵이 해마 및 편도체와 정보를 교환하며 의욕의 수준을 결정한다. 따라서 전두연합영역이 관심을 보인 내용은 항상 측좌핵이 점검한다.

그다음 전두연합영역과 측좌핵이 정보를 주고받으며 긍정적 요소와 부정적 요소를 저울질해 행동할지 말지를 결정한다. 여기서 의지를 관장하는 전두연합영역과 의욕을 관장하는 측좌핵의 묘한 신경전이 벌어진다. 표면적으로는 전두연합영역이 측좌핵을 지배하지만, 사실 아무리 전두연합영역이 관심을 보여도 측좌핵이 부정적인 메시지를 보내면 전두연합영역은 행동 프로그램을 실행하지 못한다.

추운 겨울 아침에 하는 걷기 운동을 두고 '걷고 싶다'라는 긍정적인 요소와 '오늘 아침은 영하 3도라 너무 춥다'라는 부정적인 요소가 서로 줄다리기를 벌인다. 여기서 부정적인 요소가 이기면 측좌핵은 최종적으로 '하고 싶지 않다'라는 결론을 내린다.

반면 추위를 덜 타는 사람의 측좌핵은 '이 정도 추위쯤이야!'라는 긍정적인 요소에 강하게 반응하며 의욕을 보인다. 이 의욕이 뇌의 사령탑인 전두연합영역에 전달되면 뇌 전체에 '걷기 운동을 하자!'라는 메시지가 보내진다. 그 결과 이 사람은 추운 겨울 아침에 걷기 운동을 하게 된다.

이렇듯 실력 향상을 촉진하려면 뇌의 각 기관이 연계 작업을 수행해야 한다. 어느 한 기관이라도 부정적인 메시지를 보내면 의욕은 사그라들고, 의욕이 생기지 않으면 인간은 행동하지 않는다. 따라서 항상 긍정적인 생각을 해야 한다. 긍정적인 메시지를 보내는 습관이 생기면 자연스레 의욕이 넘치는 '행동과 인간'이 될 수 있다.

그림 27 의욕 생성의 원리

인간의 뇌는 생명을 유지해주는 기관인 뇌줄기에서 '전두연합영역'까지 하나로 이어져 있다. 우리는 다양한 기관의 연계 작업을 통해 의욕을 생성하고 행동한다.

출처: 大木幸介, 『やる気を生む脳科学』 講談社, 1993.

의욕 생성을 돕는 두 개의 신경계

인간의 뇌에는 의욕 생성을 돕는 두 개의 신경계가 있다. 그중 하나가 그림 28의 A_6 신경계(노르에피네프린 신경계)다. A_6 신경계는 호기심과 창의력, 집중력의 원천, 즉 의욕이 생기는 바탕이다. 그래서 A_6 신경계가 손상되면 신경증이나 우울증에 걸릴 수 있다.

인간이 유인원에서 갈라져나와 지금의 인간으로 진화하기까지 사실 그리 오랜 시간이 걸리지 않았다고 주장하는 가설이 있다. 그들은 지금으로부터 약 500만 년 전에 A_6 신경계가 생겼고, 그 이후로 인간은 단기간에 폭발적인 진화를 이루었다고 주장한다. 실제로 다른 동물에게서는 A_6 신경계를 거의 찾아볼 수 없다.

A_6 신경계와 다른 신경계의 결정적인 차이는 '제어할 수 없다'는 점이다. 일반적으로 우리 몸은 교감신경이 활성화되면 자연스럽게 부교감신경이 작동해 몸속 내분비계와 순환계의 조화를 유지한다. 하지만 호기심이나 창의력과 같이 인간이 가진 특유의 지적 자원을 조절하는 A_6 신경계에는 이런 성질을 억제하는 제어기관이 없다. 그래서 인간의 호기심과 탐구심에는 끝이 없는 것이다.

그리고 또 다른 하나가 그림 29의 A_{10} 신경계(도파민 신경계)다. A_6 신경계가 '의욕의 신경계'라면 A_{10} 신경계는 '쾌감의 신경계'다. 인간은 모든 동물이 보유한 원시적인 감각인 쾌감(A_{10} 신경계)을 호기심이라는 지적 감각(A_6 신경계)과 연결해 극적인 진화를 이뤄왔다고 볼 수 있다.

그림 28 A_6 신경계의 위치

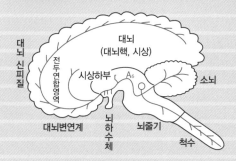

A_6 신경계는 대뇌에 넓게 퍼져있다.

출처: 大木幸介, 『やる気を生む脳科学』講談社, 1993.

그림 29 A_10 신경계의 위치

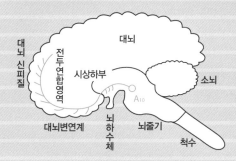

A_{10} 신경계는 전두연합영역을 중심으로 퍼져있다.

출처: 大木幸介, 『やる気を生む脳科学』講談社, 1993.

A_6 신경계와 A_{10} 신경계를 최대한 활성화해서 시너지효과를 끌어내는 것이 실력을 높이는 비결이랍니다!

● 충분한 수면이 의욕을 부른다

A 계열 신경계의 활동에 큰 영향을 미치는 신경 전달물질이 카테콜아민이다. 카테콜아민은 인간의 지적 활동을 돕는 도파민, 노르아드레날린, 아드레날린의 총칭이며, 인간의 의욕을 조절한다.

A 계열 신경계의 흥분 상태가 지속되어 카테콜아민이 소모되면 인간은 의욕이 잃고 멍한 상태가 된다. 대표적인 예가 수면 부족 상태다. 잠이 부족하면 A_6 신경계가 활동을 멈춰 창작 의욕이 생기지 않는다. 카테콜아민은 수면 중에 합성되어 뇌 안에 쌓이기 때문에 혈중 카테콜아민 농도는 아침이 가장 높다. 다시 말해 의욕을 유지하려면 반드시 적당한 수면이 필요하다는 의미다.

카테콜아민 중에서도 특히 의욕 생성에 중요한 역할을 하는 물질이 도파민과 노르아드레날린이다. 인간 외에 다른 동물들은 도파민을 거의 분비하지 못하며, 분비된 도파민은 대부분 인간의 지적 영역의 사령탑인 전두연합영역에서 소모된다. 또한 노르아드레날린은 도파민의 원료이며 A_6 신경계의 중요한 역할인 의욕 생성과 깊은 관련이 있다.

도파민은 주로 A_{10} 신경계를 중심으로 정신과 관련된 신경계에만 분비되지만, 노르아드레날린은 뇌뿐만 아니라 온몸에 퍼져있는 신경에 다량 분비되어 의욕을 높이는 원동력으로 작용한다.

'자, 일 좀 해볼까', '이제 운동하자', '공부해야겠다'라는 생각이 들며 의욕이 넘친다면 전신을 흐르는 혈액 속에 노르아드레날린이 듬뿍 들어있다는 증거다. 따라서 카테콜아민을 효율적으로 제어하면 의욕을 높이는 열쇠를 손에 쥘 수 있다.

마음과 근성만 가지고는 금방 한계에 부딪힌다.

최고의 내적 모티베이터를 찾아라

사람이 스포츠에 빠져드는 심리를 쉽게 설명하면 다음과 같다. 심리학자 스기하라 다카시(杉原隆氏)는 유아기 어린아이의 운동 경험과 자아개념, 개성 사이의 관계를 그림 30과 같은 모식도로 표현했다.

이 모식도를 보면 적극적이고 활동적이며 운동을 좋아하는 아이일수록 다양한 기회를 만들어 적극적으로 운동에 참여한다. 그리고 운동하는 과정에서 자신이 잘한다는 사실을 느낀 아이는 이를 계기로 운동을 좋아하게 된다.

한편 무기력한 아이는 운동할 기회가 있어도 열등감에 사로잡혀 운동을 피하고, 점점 더 운동을 멀리하게 된다. 즉 자신의 유능성을 인지하는 일이 운동을 접할 기회를 만들어준다. 나의 개인적인 경험에 비추어 보아도 운동 실력을 높이려면 유아기만이 아니라 성인이 되어서도 자신의 유능성을 느낄 수 있는 스포츠를 찾는 것이 무엇보다 중요했다.

앞서 언급한 스기하라 씨는 회상법을 이용해 학생들을 대상으로 '운동을 좋아하게 된 계기'를 조사한 적이 있다. 그림 31을 보면 실력 향상이 스포츠에 흥미를 느끼게 만드는 중요한 요소라는 사실을 알 수 있다. 초등학생은 약 90퍼센트, 중고등학생은 약 50퍼센트가 할 수 있게 되거나 잘했을 때 큰 즐거움을 느꼈다. 실력이 늘었을 때 느끼는 쾌감은 내적 동기부여 요소로 작용해 해당 스포츠에 빠지는 요인이 된다.

● 일과 스포츠는 똑같다

일할 때도 마찬가지다. 어째서 같은 일을 하는데 어떤 사람은 활기찬 표정으로 집중해서 일하고, 어떤 사람은 마지못해 억지로 할까? 이 차이

· 그림 30 스포츠를 통해 유능성을 깨달으면 운동을 좋아하게 된다 ·

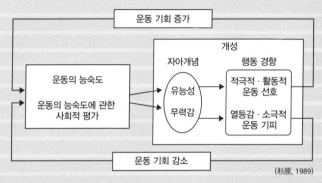

(杉原, 1989)

아이는 스스로 잘한다고 느끼거나 다른 사람에게 칭찬받으면 점점 운동을 좋아하게 된다.

출처: マーティン・ハガー, ニコス・ハヅィザランティス, 湯川進太郎, 泊真児, 大石千歳, 『スポーツ社会心理学』北大路書房, 2007.

는 해당 일을 좋아할 만한 모티베이터가 있는지 없는지에 따라 달라진다. 실제 업무 내용이 재미있는지 없는지는 별로 중요하지 않다.

설령 재미없는 업무일지라도 평소에 그 일을 통해서 '실력이 늘었다'는 느낌을 받으면 사람은 그 업무에 열중하게 된다. 오타니 쇼헤이는 어떻게 질리지도 않고 매일 야구 배트를 휘두를 수 있었을까? 매일 실력이 늘어가고 있다는 사실을 스스로 확인하고 싶어서다. '스스로 납득할 수 있는 수준의 배트 컨트롤 능력을 갖추고 싶다'며 끝없는 미션에 도전하는 정신이 오타니를 움직이게 하는 원동력이다.

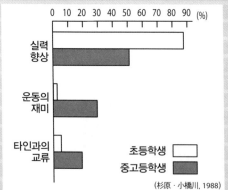

그림 31 인간은 실력이 늘면 기쁨을 느낀다

0 10 20 30 40 50 60 70 80 90 (%)

실력
향상

운동의
재미

타인과의
교류

초등학생 □
중고등학생 ▨

(杉原·小橋川, 1988)

초·중·고 학생을 통틀어 실력이 늘었을 때 기쁨을 느끼는 사람이 가장 많다. 또한 중고등학생이 되면 초등학생 때 느끼지 못했던 '운동의 재미'나 '타인과의 교류'에서도 기쁨을 느낀다.

출처: マーティン·ハガー, ニコス·ハヅィザランティス, 湯川進太郎, 泊真児, 大石千蔵, 『スポーツ社会心理学』北大路書房, 2007.

실력 향상 외에도
기쁨을 느끼는
요소가 있다.

중학생이 되면 그때부터는
'운동의 재미'나 '타인과의 교류'를
경험하게 해주는 것이 좋아요

날 따라와
보라고! ♥

이 자식~
거기 안 서! ♥

운동의
재미
(놀이로서의
즐거움)

하하 ♥

우리는 최고의
팀이야!

타인과의
교류
(팀워크)

137

6-5

정확한 목표 설정이
실력 향상 속도를 높인다

실력 향상의 기본은 목표를 세우고 달성을 위해 노력하는 것이다. 애당초 인생에 목표가 없다면 실력 향상의 성취감은 느낄 수 없다. 다만 목표를 세우는 방법에도 요령이 있다. 우선 목표는 크게 '결과 목표'와 '행동 목표'로 나눌 수 있다. 예를 들어 전국대회 출전은 전형적인 결과 목표다.

물론 결과 목표도 동기를 부여해 의욕을 올리는 요소지만, 상대와 겨뤄야 하는 종목에서는 대전 상대의 실력이 압도적으로 강하면 아무리 노력해도 전국대회에 출전하지 못할 수도 있다. 또한 기록 순위로 전국대회 출전권을 부여하는 종목이라도 처음부터 출전할 수 있는 선수의 수는 정해져 있기 때문에 스스로 인정할 만한 좋은 기록을 냈어도 다른 선수가 더 좋은 기록을 내면 전국대회 출전은 보장할 수 없다.

이렇듯 결과 목표는 막연하다. 어느 정도는 열심히 노력할 수 있는 동기가 되어주지만 최고 수준의 의욕을 끌어내지는 못한다. 그렇다면 목표는 어떻게 세워야 할까? 목표는 되도록 행동 목표로 세워야 한다. 행동 목표란 다른 팀 결과에 영향을 받지 않고 자신의 노력에 따라 달성할 수 있는 목표를 말한다. 행동 목표와 관련한 재미있는 일화가 있다.

● 낮은 순위에 기뻐한 이유

예전에 시민 마라톤 대회에서 결승선을 향해 뛰어오는 선수들의 표정을 살펴보다가 매우 흥미로운 현상을 발견한 적이 있다. 1위로 결승선을 통과한 선수는 당연히 기뻐했다. 마찬가지로 상위로 들어온 선수들의 표정도 기쁨으로 가득했다.

하지만 스스로 잡았던 목표보다 순위가 낮은 선수는 낙담한 표정으로 결승선을 통과했다. 물론 하위권으로 들어온 선수들도 대부분 지치고 힘들어 낙담한 표정을 보였다. 그런데 거의 꼴찌로 들어온 선수 중에 승리의 포즈를 취하고 얼굴 가득 웃음을 띤 채 누구보다 기뻐하면서 결승선을 통과한 사람이 있었다. 그 선수가 기뻐할 수 있었던 이유는 그의 목표가 순위가 아니라 '자신의 최고 기록 경신'이었기 때문이다. 그 선수는 당시 시민 마라톤 대회에서 지금까지 세웠던 자신의 기록을 깼다.

'자신의 최고 기록 경신'이라는 목표처럼 다른 사람의 결과에 좌우되지 않고 본인의 실력을 높이겠다는 행동 목표를 세우면 순위가 기대에 못 미치더라도 의욕은 확실하게 올릴 수 있다. 그리고 하나 더 추가하자면 목표는 구체적인 숫자로 정해야 한다. 수영선수라면 '최대한 빨리'라는 식의 막연한 목표보다는 '이달 말까지 100m 평영 기록을 1분 3초 밑으로 단축한다'라는 목표가 좋다.

| 바람직하지 않은 목표 | 바람직한 목표 |

마라톤에서 1등 하자!

내 최고 기록을 경신하자!

앗! 이겼다!

최고 기록 경신!!

해냈다!!

● 최선을 다해 달렸지만, 상대가 더 빠르면 절대 이길 수 없다

● 최선을 다해 달리면 상대의 기록에 상관없이 확실하게 달성할 수 있다

다른 사람의 결과에 좌우되지 않는 목표를 세워야 한다.

목표 수준은 스스로 정하라

앞 장에서 의욕을 확실하게 높이고 싶다면 '결과 목표'보다 '행동 목표'를 세워야 한다고 설명했다. 그런데 바람직한 목표를 세우는 요령이 이것 하나만은 아니다. 한 실험을 통해 목표 설정 방식에 따라 결과가 어떻게 달라지는지 살펴보자.

실험에서는 라이플 사격 선수를 세 그룹으로 나누었다. 첫 번째 그룹에는 '최선을 다한다'라는 목표를 주고 두 번째 그룹은 스스로 구체적인 목표를 설정하도록 했다. 세 번째 그룹은 실험자가 피실험자에게 연습할 때마다 목표를 따로 설정해주었다.

목표가 '최선을 다한다'였던 첫 번째 그룹은 초기에는 성적이 좋았지만, 시간이 지날수록 더 오르지 않고 제자리걸음이었다. 그리고 차이가 크지는 않았지만, 스스로 구체적인 목표를 설정하게 한 두 번째 그룹의 성적이 첫 번째 그룹이나 연습할 때마다 따로 목표를 설정해준 세 번째 그룹보다 좋았다. 이 실험을 통해서 '목표는 스스로 정해야 한다' 중요한 사실을 확인할 수 있었다.

● 목표의 적정 수준이란?

그렇다면 스스로 구체적인 목표를 정할 때 수준은 어느 정도로 잡아야 할까? 어느 정도의 목표를 설정했을 때 가장 강한 의욕이 생길까? 이와 관련해 미국의 사회학자 로버트 킹 머튼(Robert King Merton)은 목표의 난이도와 동기부여의 관계를 조사했다. 그림 32를 보면 목표의 달성 난이도는 쉬운 것보다는 어려운 것이 효과적이라는 사실을 알 수 있다.

목표는 스스로 정하는 것이 가장 좋다.

그림 32 목표의 난이도와 동기부여의 관계

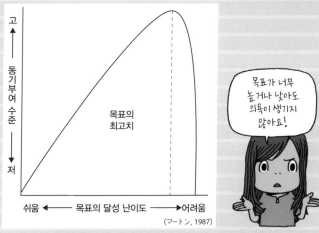

터무니없이 높은 목표는 오히려 의욕을 떨어뜨린다.

출처: :杉原隆, 工藤孝幾, 船越正康, 中込四郎, 『スポーツ心理学の世界』 福村出版, 2000.

하지만 터무니없이 높은 목표는 오히려 역효과를 부른다. '아무리 노력해도 달성할 수 없는 목표'보다는 '최선을 다하면 달성할 수 있을 목표'가 의욕을 최고치로 끌어올린다.

최고의 기량을 발휘하는 상태인 피크 퍼포먼스(Peak Performance) 연구의 권위자인 미하이 칙센트미하이(Mihaly Csikszentmihalyi)도 '몰입 체험 모델'에서 같은 말을 했다. 칙센트미하이는 "현재 도전하고 있는 목표가 본인의 능력에 적합할 때 몰입(Flow)이라는 최고의 정신 상태를 체험할 수 있다"고 주장했다. 이에 대해서는 그림 33을 참고하자.

자기 능력에 비해 지나치게 높은 수준의 목표를 쫓으면 우리의 뇌는 '이 목표는 애당초 불가능하다'고 생각하고, 마음속에 불안이 싹터 의욕도 생기지 않는다. 반대로 목표를 자기 능력보다 과도하게 낮게 잡으면 지루해진다. 목표를 달성해도 성취감은커녕 찝찝함만 남는다.

● +10퍼센트 또는 달성률 60퍼센트

구체적인 예로 초등학생을 대상으로 시행한 제자리멀리뛰기 실험의 결과를 살펴보자. 이 실험에서는 학생들에게 제자리멀리뛰기를 두 번 시도하게 했다.

첫 번째 시도에서는 특별히 목표를 정하지 않고 뛰게 하고, 그때의 기록을 100으로 잡았다. 두 번째 시도에서는 학생들을 다섯 개 그룹으로 나누고 A 그룹에는 목표를 설정해주지 않았다. 반면 B, C, D, E 그룹에는 각각 첫 번째 시도에서 나온 기록의 100퍼센트, 110퍼센트, 120퍼센트, 130퍼센트라는 거리 목표를 설정해주었다. 결과는 그림 34와 같았다.

가장 많이 상승한 그룹은 첫 번째 기록에서 10퍼센트 높인 목표를 설정한 C그룹이었다. '+10퍼센트'라는 목표가 실력 향상에 가장 효과적이었다.

또 다른 예도 있다. 하버드대학의 데이비드 맥클리랜드(David McCelland) 박사는 고리 던지기 목표의 효과를 실험했다. 하버드대학의 학생들을 대상으로 '표적까지의 거리는 자유롭게 정해도 좋다'라는 규칙을

그림 33 몰입 체험 모델

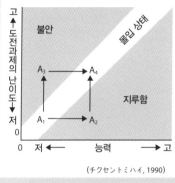

(チクセントミハイ, 1990)

능력과 도전(목표의 달성 난이도)과제가 적절히 조화된 상태가 '몰입 상태'랍니다.

가장 강력한 동기가 부여되는 상태에요

목표는 '몰입 상태' 범위(그림의 A1과 A4)에 속하도록 설정하는 것이 가장 바람직하다.

출차: 杉原隆. 工藤孝幾. 船越正康. 中込四郎. 『スポーツ心理学の世界』. 福村出版. 2000.

그림 34 제자리멀리뛰기 성적에 미치는 목표의 효과

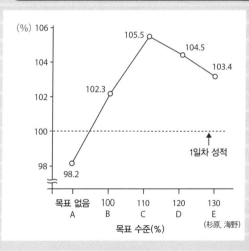

(杉原, 海野)

가장 성적이 좋았던 그룹은 과거 성적에서 10퍼센트 향상한 목표를 설정한 그룹이었다.

주고 고리 던지기를 하는 학생들의 몸짓, 눈빛, 표정을 자세히 관찰했다.

그 결과 5회 중 3회를 성공할 수 있는 수준의 거리를 목표로 설정한 그룹이 고리 던지기에 가장 진지하게 집중했다. 다시 말해 인간을 가장 집중하게 만드는 목표는 달성률 60퍼센트다.

구체적인 목표 수치 설정은 신중하게 결정해야 한다.

제7장

정신력을 단련하는 기술

자신의 정신력부터 확인하라

실력을 높여가는 과정에서 우리는 다양한 어려움을 마주하게 된다. '열심히 연습(공부)하는데도 실력이 좀처럼 늘지 않는다, 애당초 연습(공부)할 시간이 부족하다, 실전에만 들어가면 긴장돼서 실수를 한다, 경쟁 상대의 실력이 일취월장한다' 등 다 때려치우고 싶어질 때가 한두 번이 아니다. 하루라도 빨리 실력을 높이고 싶다면 먼저 이러한 역경을 이겨 내는 강한 정신력부터 갖춰야 한다. 역경이야말로 자신의 실력을 검증할 소중한 기회라고 생각하자.

부담이 없는 연습장에서는 뛰어난 실력을 발휘하다가도 정작 중요한 실전에서는 실력을 제대로 보여주지 못하는 선수가 생각보다 많다. 챔피언의 자리에 오른 사람이 대단한 이유는 부담이 큰 자리에서 흔들리지 않고 평소처럼 뛰어난 실력을 발휘하기 때문이다. 몸과 마음이 이어져 있는 이상 고도의 훈련을 이겨내며 제아무리 어려운 기술을 익혀도 정신력이 받쳐주지 않으면 성공할 수 없다.

나의 스승인 제임스 로어 박사는 그의 저서 『정신력-스트레스로 강해진다』에서 다음과 같이 말했다.

> 스트레스에 얼마나 적절하게 대응하는지가 중요하다. 한 나라의 미래에서부터 한 사람의 미래까지, 세상 모든 것은 균형을 얼마나 잘 유지하며 스트레스에 대응하는지에 따라 달라진다. 꿈을 이룰 수 있을지, 행복해질 수 있을지, 건강하게 살 수 있을지는 기본적으로 그 사람의 강한 정신력과 스트레스 대처 능력이 결정한다.

아무런 역경 없이 순조롭게 실력을 쌓아 가는 과정에서 얻을 수 있는 것은 자신감 정도다. 하지만 조금 잘나간다고 우쭐해져 있다가는 언제 상대가 허점을 파고들어 치고 올라올지 모른다. 따라서 넘치는 자신감에 차 있는 사람보다는 오히려 스트레스를 도약의 기회로 생각하는 사람이 더 큰 성과를 올릴 수 있다.

이쯤에서 당신의 정신력 수준을 확인하기 위해 그림 35의 '정신력 평가 시트'를 작성해보자. 평가 시트의 질문을 읽고 자신의 상태에 가까운 숫자의 ○를 채운 다음, 그 결과를 결과표와 비교하면 당신의 정신력 수준을 확인할 수 있다. 낮은 결과가 나왔다고 해서 실망할 필요는 전혀 없다. 이 책에서 소개하는 대책을 활용하면 누구나 강인한 정신력의 소유자가 될 수 있다.

우선 정신력 평가 시트를
이용해 본인의 정신력이
얼마나 강한지
확인해봅시다!

그림 35 정신력 평가 시트

	1 2 3 4 5 6 7 8 9 10	
기분파다	○ ○ ○ ○ ○ ○ ○ ○ ○ ○	감정 기복이 적다
회복 탄력성이 없다 (감정 회복이 늦다)	○ ○ ○ ○ ○ ○ ○ ○ ○ ○	회복 탄력성이 있다 (감정 회복이 빠르다)
경쟁심이 없다	○ ○ ○ ○ ○ ○ ○ ○ ○ ○	경쟁심이 강하다
남에게 의지한다	○ ○ ○ ○ ○ ○ ○ ○ ○ ○	혼자서 해결한다
열중할 대상이 없다	○ ○ ○ ○ ○ ○ ○ ○ ○ ○	열중한 대상이 있다
소극적이다	○ ○ ○ ○ ○ ○ ○ ○ ○ ○	적극적이다
불안하다	○ ○ ○ ○ ○ ○ ○ ○ ○ ○	자신이 있다
인내심이 없다	○ ○ ○ ○ ○ ○ ○ ○ ○ ○	인내심이 많다
자제력이 약하다	○ ○ ○ ○ ○ ○ ○ ○ ○ ○	자제력이 강하다
비관적이다	○ ○ ○ ○ ○ ○ ○ ○ ○ ○	낙관적이다
무책임하다	○ ○ ○ ○ ○ ○ ○ ○ ○ ○	책임감이 강하다
비현실적이다	○ ○ ○ ○ ○ ○ ○ ○ ○ ○	현실적이다
겁이 많다	○ ○ ○ ○ ○ ○ ○ ○ ○ ○	도전정신이 강하다
코치가 하는 말에 따르지 않는다	○ ○ ○ ○ ○ ○ ○ ○ ○ ○	코치가 하는 말에 잘 따른다
산만하다	○ ○ ○ ○ ○ ○ ○ ○ ○ ○	집중력이 높다
미숙하다	○ ○ ○ ○ ○ ○ ○ ○ ○ ○	성숙하다
의욕이 없다	○ ○ ○ ○ ○ ○ ○ ○ ○ ○	의욕이 넘친다
감정적으로 유연하지 못하다	○ ○ ○ ○ ○ ○ ○ ○ ○ ○	감정적으로 유연하다
문제해결에 서툴다	○ ○ ○ ○ ○ ○ ○ ○ ○ ○	문제해결에 능숙하다
팀플레이를 잘하지 못한다	○ ○ ○ ○ ○ ○ ○ ○ ○ ○	팀플레이가 특기다
위험을 꺼린다	○ ○ ○ ○ ○ ○ ○ ○ ○ ○	위험을 무릅쓰는 일을 꺼리지 않는다
연기가 서툴다	○ ○ ○ ○ ○ ○ ○ ○ ○ ○	연기를 잘한다
보디랭귀지에 서툴다	○ ○ ○ ○ ○ ○ ○ ○ ○ ○	보디랭귀지에 능숙하다
항상 긴장 상태다	○ ○ ○ ○ ○ ○ ○ ○ ○ ○	항상 편안한 상태다
활동적이지 않다	○ ○ ○ ○ ○ ○ ○ ○ ○ ○	활동적이다
몸이 약한 편이다	○ ○ ○ ○ ○ ○ ○ ○ ○ ○	건강한 편이다

본인의 수준을 파악해서 적절한 점수의 ○를 채워보자.

참고: ジム・レーヤー著, スキャンコミュニケーションズ 訳, 『スポーツマンのためのメンタル・タフネス』 阪急コミュニケーションズ, 1997.

부담도 요령만 있으면
이겨낼 수 있다. 부담을
적으로 돌리지 말자.

정신력 체크리스트 결과

220점 이상	당신의 정신력은 최고 수준입니다
180~219점	당신의 정신력은 뛰어난 수준입니다
140~179점	당신의 정신력은 보통 수준입니다
100~139점	당신의 정신력은 낮은 수준입니다
99점 이하	당신의 정신력은 최하 수준입니다

이상적인 모습을 연기하며 역경에 맞서라

같은 노력을 해도 비관적인 사람은 실패할 확률이 높고, 반대로 뛰어난 재능은 없어도 낙관적인 사람은 점점 실력이 늘어간다. 그런데 우리는 여기서 말하는 '낙관적'이라는 말의 진정한 의미를 대부분 오해하고 있다. 표준국어대사전은 '낙관적'이라는 단어를 '인생이나 사물을 밝고 희망적인 것으로 보는 것'으로 정의한다. 하지만 여기서 이야기하고자 하는 '낙관'은 그런 것이 아니다.

내가 생각하는 낙관적 사고방식은 좋지 않은 상황을 있는 그대로 받아들이고, 상황을 멋지게 해결할 구체적인 대책을 생각하는 자세다. 역경이 닥쳐도 냉정하게 상황을 판단하고 타개책을 생각하는 자세야말로 낙관적 사고방식이다.

정신력을 단련하는 기술 중 하나로 '연기력'이 있다. 역경이 닥쳤을 때는 극복할 수 없다며 좌절하고 의욕을 잃기보다는 반드시 극복할 수 있다고 자기 자신을 타이르는 것이 중요하다. 설령 마음속으로는 역경을 극복하기 어렵다고 생각하더라도 겉으로는 낙관적인 자신을 연기하며 역경에 맞서야 한다.

● 운명을 바꾸는 자아 이미지

사람은 대부분 본인의 능력을 과소평가해 능력 없는 인간을 연기하며 평생을 살아간다. 하지만 챔피언이나 일류 선수들은 다르다. 실력이 미흡했던 과거의 자신이 아니라 눈부신 성장 스토리의 주인공을 연기하며 살아간다. 그런 노력이 있었기에 그들은 위대한 선수가 될 수 있었다.

하뉴 유즈루는 처음으로 전일본선수권에 출전했던 기억을 떠올리며 초등학교 졸업 앨범에 이런 말을 남겼다.

> 6년 동안의 학교생활에서 가장 기억에 남는 것은 피겨스케이팅입니다. 즐거웠던 일, 속상했던 일들을 겪으면서 많은 것을 배웠습니다. 스케이트를 시작한 지 5년째였던 4학년 때 처음으로 전일본선수권에 출전했습니다. 첫 출전이었지만 긴장으로 떨리기보다는 설렘으로 두근거렸습니다. (중략) 저는 당시 대회에서 '관중에게 감사하는 마음'을 배웠습니다. 앞으로도 피겨스케이팅을 계속하며 많은 것을 배워나가겠습니다.

어떤 자아 이미지를 그리는지에 따라 그 사람의 운명이 결정된다.

머릿속으로 상상하기만 해도 이상에 점차 가까워질 수 있다.

마음을 쉬게 할 개인 시간을
확보하라

강인한 정신력의 소유자가 되려면 자기 자신을 돌아보는 습관이 필요하다. 시간은 결코 우리를 기다려주지 않는다. 그런데도 우리는 늘 바쁘다는 핑계로 정작 하고 싶은 일은 뒤로 미루며 산다.

혹시 당신도 오늘 안에 마쳐야 하는 일의 노예로 살고 있지 않은가? 아무리 지위가 높고 많은 보수를 받아도 개인 시간 없이 일에만 얽매여 사는 사람은 결국 일에서도 겉돌게 되기 마련이다. 그 사람의 태도를 보면 금방 알 수 있다. 그러니 주말의 반나절 정도는 개인 시간을 갖고 마음대로 써보자.

좋아하는 일에 몰두할 수 있는 시간을 확보하고부터 '인생이 확 달라졌다'고 이야기하는 사람이 많다. 중요한 일을 하는 공적인 시간을 더 효율적으로 보내려면 반드시 개인 시간을 확보해서 에너지를 충전해야 한다. 이 부분은 꼭 강조하고 싶다. 누구에게나 개인 시간은 반드시 있어야 한다.

내 주장에 공감한 많은 사람이 주말에 개인 시간을 갖고 한 가지 일에 몰두하며 자신의 인생을 마음껏 즐기고 있다. 그리고 때로는 개인 시간에 혼자서 천천히 자기 자신을 돌아보기도 한다.

● 가족도 출입 금지

대학 시절부터 알고 지내던 한 지인은 주말을 항상 자신의 서재에서 보낸다. 방문에는 '개인 시간. 방해 금지'라는 푯말을 걸어두면 잠시 쉬려고 거실에 나와 차를 마시는 시간 외에는 가족들도 절대 방해하지 않는다.

누구의 방해도 받지 않는다

'개인 시간'을 확보하자

누구에게나 모든 것을 잊고 한 가지에 몰두할 수 있는 시간이 필요하다.

그는 서재에서 어릴 적 좋아하던 프라모델이나 철도 모형을 만들며 시간을 보내고, 가끔은 혼자서 드라이브를 즐기기도 한다. 그렇다고 해서 가족들과 함께하는 시간을 소홀히 하지는 않는다. 주말 이틀 중 하루는 가족과 함께 쇼핑을 하거나 가족들이 좋아하는 식당에 가서 외식도 한다.

특별한 일이 없으면 평일 중 이틀은 정시에 퇴근해서 혼자만의 시간을 갖는 사람도 있다. 당신도 모든 구속을 벗어버리고 지금 자신이 정말 하고 싶은 일이 무엇인지 진지하게 고민해보라. 개인 시간은 자기 자신에게 솔직해지는 시간이기도 하다. 그런 시간이 당신의 마음을 만족감으로 채워주고 인생을 즐겁게 만들어준다. 당신을 일에서만이 아니라 모든 생활에서 의욕이 넘치는 사람으로 만들어줄 것이다.

부담을 내 편으로 만들어라

스포츠 세계에서는 부담에 대한 내성을 키우는 일도 중요하다. 7-1에서 언급했듯이 연습할 때는 뛰어난 실력을 발휘하다가 정작 실전에서는 긴장으로 위축돼 실력을 발휘하지 못하는 사람이 있다. 이런 사람은 스포츠에서만이 아니라 연주회나 업무 현장에서도 많이 볼 수 있다.

꼼꼼하게 만반의 준비를 하고 들어간 중요한 프레젠테이션에서 말이 꼬인 사람이나 콩쿠르에서 평소 실력을 발휘하지 못하는 연주자를 본 적이 있을 것이다. 이와 관련해 심리학자 콜린 매클라우드(Colin Macleod)와 앤드류 매튜스(Andrew Mathews)가 매우 흥미로운 실험을 했다. 두 사람은 이 실험을 통해 시험에 대한 걱정을 표현하는 단어가 피실험자의 집중력에 영향을 미친다는 사실을 증명했다. 그 결과가 그림 36에 나와 있다.

결국 부담에 짓눌리지 않으려면 '부담을 극복해야 한다'고 생각하기보다는 '부담은 되지만 최선을 다하자'라고 생각해야 한다. 결과가 아니라 과정을 중요하게 생각하며 '평정심을 유지하고 최선을 다하자'라는 메시지를 자기 자신에게 보내 부담에 대한 내성을 키우자. 평소에 습관처럼 스스로 자기 자신을 타이르면 부담에 대한 내성을 키울 수 있다.

하뉴 유즈루가 이런 말을 한 적이 있다.

> 모두의 기대를 받는 느낌이 좋습니다. 저에게는 그런 느낌이 부담이 아니라 쾌감입니다.

하뉴는 부담을 적이 아니라 동지로 생각했다.

그림 36 매클라우드와 매튜스의 실험 결과

불안 단어
'실패'

중화 단어
'무지개'

Failure
Rainbow

① 위쪽 단어는 읽고
아래쪽 단어는 무시한다

② 단어가 사라진 후에
표시가 나타나면 바로 버튼을 누른다

　실험에서 한쪽에는 불안 단어(실패, 준비 부족 등), 다른 한쪽에는 중화 단어(무지개, 부드럽다 등)를 띄웠다. 두 단어를 피실험자에게 보여준 뒤에는 반드시 네모 표시가 나타나고, 표시를 보면 버튼을 누르게 했다.

　그 결과 시험까지 석 달이 남은 시점에서는 피실험자들 사이에 차이가 보이지 않았지만, 시험이 1주일 앞으로 다가오자 네모 표시를 보고 버튼을 누르는 시간이 빨라지는 학생(쉽게 동요하는 학생)과 그렇지 않은 학생 (쉽게 동요하지 않는 학생)으로 확실하게 나뉘었다. 불안 단어에 강하게 반 응하며 평정심이 흐트러지는 학생이 분명히 존재했다.

〈실험의 해설〉

① 이 실험은 시험 3개월 전과 1주일 전에 시행했다.

② 피실험자(시험을 앞둔 대학생)는 컴퓨터 화면에 나열된 두 개의 단어를 동시에 보고 위쪽 단어는 소리 내어 읽고, 아래쪽 단어 는 무시한다.

③ 단어가 사라진 후에 위와 아래 중 한 곳에 네모 표시가 나타나 면 바로 버튼을 누른다.

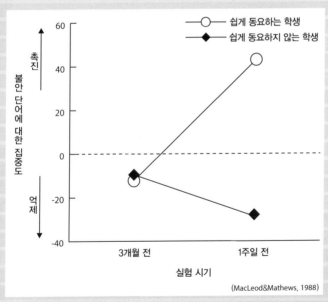

(MacLeod&Mathews, 1988)

불안 단어에 집중한 학생은 버튼을 누르는 시간이 빨라졌고(촉진), 불안 단어에 집중 하지 않은 학생은 버튼을 누르는 시간이 느려지는(억제) 양상을 보였다.

출처: 杉原隆 · 工藤孝幾 · 船越正康 · 中込四郎, 「スポーツ心理学の世界」 福村出版, 2000.

성과를 내고 싶다면
개인 시간의 질을 높여라

결국 스포츠 세계에서 두각을 드러내는 선수는 개인 시간의 중요함을 이해하는 선수다. 연습 시간과 성적은 반드시 비례하지는 않는다. 일에 몰두하는 공적인 시간과 자유롭게 보낼 수 있는 사적인 시간은 자동차의 양 바퀴와 같아서 한쪽만으로는 완전할 수 없기 때문이다. 이 사실은 일에서도 마찬가지다.

밤새도록 골프 연습에만 매달리는 선수가 오히려 일류 선수가 될 확률이 낮은 것처럼 일에만 매달리는 회사원이 큰 실적을 내는 일은 거의 불가능하다. 회복이야말로 운동선수뿐만 아니라 모든 사람이 좋은 결과를 낼 수 있도록 도와주는 보조제다. 언젠가 오타니 쇼헤이가 이런 말을 했다.

등판하는 날은 오전에 꼭 영화 한 편을 보면서 휴식을 취합니다.

오타니에게는 이런 개인 시간이 매우 중요했다. 사람들은 대부분 일이 잘 풀리지 않을 때 그 이유를 일하는 과정에서 찾으려고 한다. 하지만 가만히 들여다보면 일하는 시간이 아니라 개인적인 시간을 어떻게 보내는지에 문제가 있을 때가 많다.

예를 들어 프로 골프 선수가 타수를 줄이지 못하는 이유를 스윙에서만 찾으려고 한다면 그 선수는 큰 성공을 이룰 수 없다. 진짜 문제는 스윙이 아니라 그 선수의 의, 식, 주 어딘가에 있을 때가 많다. 그 문제들이 중요한 순간에 집중력을 흩트린다. 사적인 개인 시간을 편안하게 보내지 못하면 정작 중요한 공적인 시간에도 일에 집중하지 못한다.

● 개인 시간의 질을 높여라

그림 37의 '개인 시간 충실도 체크 시트'를 살펴보자. 나는 내가 지도하는 선수들에게 항상 이 체크 시트를 자세하게 기록하라고 충고한다. 그중에서도 특히 다음의 세 가지 요소는 반드시 최고 수준으로 올려야 한다.

* 먹고 마시기
* 자기
* 운동하기

전날 저녁을 맛있게 먹지 못하면 당연히 다음날 최고의 몸 상태를 유지할 수 없다. 나는 개인 시간의 충실도를 높이기만 해도 100위에 있던 선수가 10위 안으로 올라설 수 있다고 생각한다.

한때 일본에서 '맹렬(猛烈) 샐러리맨'이라는 말이 유행한 적이 있다.

본인뿐만 아니라 가족의 행복까지 희생하며 온 힘을 다해 일에 매달리는 사람만이 성공할 수 있다.

이런 전설 같은 이야기가 통하던 시절이 있었다. 하지만 이제 그런 구시대적인 사고방식은 사라졌다. 사적인 개인 시간에 충분한 휴식을 취해야 공적인 일을 하는 중요한 시간에 주어진 일을 효율적으로 처리할 수 있다.

평소에 개인 시간을 어떻게 보내고 있는지 체크 시트를 통해 확인해보자. 조금씩 충실도를 높여가다 보면 자연스럽게 항상 최고의 능력을 발휘하게 되고, 눈부신 성과도 올릴 수 있을 것이다.

그림 37 개인 시간 충실도 체크 시트

트레이닝 항목	월	화	수	목	금	토	일
근력 트레이닝(분)							
식사 횟수(1~3)							
식사 내용(1~5)							
기상 시간(시각)							
취침 시간(시각)							
수면 시간(시간)							
수면의 질(1~5)							
긍정적인 태도(1~5)							
자신감(1~5)							
집중도(1~5)							
의욕도(1~5)							
재미(1~5)							
휴식(1~5)							
충실도(1~5)							

- 평가점수 1~5: 1은 최저 수준, 5는 최고 수준. (정도에 따라서 1~5점 사이로 기록)
- 근력 트레이닝: 예시) 15
- 식사 횟수: 1~3회로 숫자 기록
- 기상 시간: 예시) 6:00
- 취침 시간: 예시) 23:45
- 수면 시간: 예시) 6.5

매일 잊지 말고 자기 전에 기록하자.

개인 시간을 어떻게 보내는지에 따라서 실력 향상 속도가 달라져요 체크 시트를 이용해서 개인 시간 충실도를 확인해보세요

점수가 낮으면 최대한 높은 점수를 기록할 수 있도록 노력해봐요!

제8장

창의력을 발휘하는 기술

탐구심→발견→쾌감의 선순환을 반복하라

독창성(originality)은 인간만이 가진 탁월한 재능이다. 독창성 덕분에 인간은 다른 동물과 달리 눈부신 진화를 이뤄낼 수 있었다. 6-3에서 설명했듯이 독창성의 원천이자 쾌감을 느끼게 하는 신경 전달 물질, 도파민은 인간의 뇌에서만 대량으로 분비된다.

새로운 것을 창조해낸 순간 또는 어제는 실패했던 일을 오늘은 성공했을 때 인간의 뇌에는 도파민이 대량으로 분비된다. 처음으로 마라톤을 완주하고 성취감을 맛본 사람의 뇌는 도파민으로 가득 차고, 도파민이 주는 절정의 쾌감이 그 사람을 마라톤에 푹 빠지게 만든다.

이처럼 대량으로 분비된 도파민이 쾌감을 부르고, 쾌감이 다시 새로운 지적 호기심을 키운 결과 인류는 끊임없이 진화할 수 있었다. 나의 가설에 지나지 않지만, 나는 자신의 분야에서 성공을 이룬 사람은 도파민 분비가 활발해 뛰어난 독창성을 발휘하는 뇌를 가졌다고 생각한다.

하지만 아무리 쾌감을 주는 물질이라고 해도 도파민이 쉬지 않고 계속 분비되어 흥분 상태가 지속되면 몸은 견디지 못한다. 그래서 보통은 자가 수용기(autoreceptor)라는 제한 기관이 작동해 도파민을 회수하고 도파민 분비를 억제해서 쾌감을 일정 수준으로 낮춘다.

그런데 인간의 뇌에는 자가 수용기가 없는 부분이 딱 한 군데 있다. 바로 창의력을 관장하는 A_6 신경계다. 즉 인간이 느끼는 쾌감 중에서 창의력을 발휘함으로써 얻는 쾌감은 멈출 수 없다.

따라서 습관적으로 독창성을 발휘해서 무언가를 창조해내면 그 사람의 전두연합영역은 도파민을 활발하게 분비하는 뇌로 변한다. 분비된 도

독창성과 쾌감을 하나로 연결하는 능력은 인간만이 가진 재능이다.

파민으로 쾌감을 느끼고, 쾌감이 다시 독창성을 발휘하게 하는 이상적인 순환구조가 만들어진다.

● 시작은 탐구심

인간이 독창성을 발휘하게 만드는 것이 바로 호기심이다. 제아무리 독창성이 넘쳐나는 뇌라도 호기심이 없으면 독창성은 발휘되지 않는다. 또한 단순히 호기심만 있다면 넓고 얕은 지식을 습득하는 선에서 그치고 만다. 그래서 호기심을 한 가지 주제에 집중시켜 깊게 파고드는 탐구심이 필요하다.

따지고 보면 오타니 쇼헤이도 그의 탐구심 덕분에 훌륭한 메이저리거로 발돋움할 수 있었다.

오타니가 감탄을 자아내는 배팅과 투구 실력을 갖출 수 있었던 요인은 무엇이었을까? 다름 아닌 포기하지 않는 탐구심이다.

'더 강한 공을 던지고 싶다.'
'야구 배트를 더 자유자재로 컨트롤하고 싶다.'
'더 완벽한 자세를 만들고 싶다.'

끝을 모르던 그의 탐구심이 오타니를 일류로 만든 원천인 셈이다. 어떤 분야든 실력이 늘었다는 사실에 쾌감을 느끼고, 계속해서 그 쾌감을 원해 탐구심을 발휘하게 하는 것은 결국 도파민이다.

순간의 직감을 메모하라

출퇴근 시간, 버스 타고 이동하는 시간, 점심 먹고 쉬는 시간, 누군가를 기다리는 시간. 일상 속 숨어있는 자투리 시간을 모으면 적어도 하루에 몇 시간은 된다. 그렇다면 자투리 시간의 절반은 생각을 비우고 쉬는 시간으로, 나머지 절반은 아이디어를 작성하는 시간으로 쓰면 어떨까?

아이디어 작성은 생각보다 어렵지 않다. 그림 38에 제시한 '아이디어 메모'를 복사해서 최소 다섯 장을 항상 수첩에 끼워두었다가, 잠깐 틈이 생겼을 때 생각나는 것을 적기만 하면 된다. 현대는 정보화 사회라고 하지만 여전히 메모는 아이디어를 모으는 보물 창고다.

아이디어 메모를 적으면 그 순간 당신의 머릿속에 떠올랐던 생각의 실체를 눈으로 볼 수 있다. 또한 메모지를 파일로 모아두면 그 자체로 일기가 되기도 한다. 아이디어 메모에 시간과 장소를 정확하게 적어두면 쓸 만한 아이디어가 떠오르는 시간대와 장소의 경향성도 파악할 수 있다.

아이디어는 떠올랐을 때 바로 메모하지 않으면 금세 기억에서 사라져버린다. 다시 떠오를지 아무도 장담할 수 없다. 중요한 내용은 머릿속에 기억된다고 하지만 아니다. 보통은 힌트가 떠올랐다가도 당장은 생각나지 않는 상태가 된다. 하지만 아이디어가 떠오른 순간에 정말 작은 힌트 하나라도 메모해두면 나중에 연상 작용을 통해 다시 떠올릴 수 있다.

소형 녹음기를 가방에 넣고 다니면서 아이디어가 떠오를 때마다 녹음하는 사람도 있다. 이 또한 현명한 방법이기는 하지만 여기에는 문제도 있다. 녹음기를 작동하는 시간이 생각보다 많이 걸린다. 게다가 다시 듣고 요점을 정리해서 메모지나 수첩에 옮기는 작업도 상당한 에너지를 소모한다. 녹음을 시도해보고 싶다면 이런 점을 미리 알아두자.

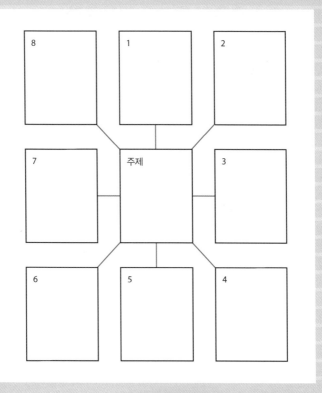

그림 38 아이디어 메모

8	1	2
7	주제	3
6	5	4

항상 수첩을 가지고 다니면서 아이디어가 떠오를 때마다 적어보세요

문뜩 떠오른 아이디어를 그대로 지나치면 기억의 저편으로 사라져버려요!

앗! 내 아이디어가~! 안 돼~

아이디어

● 언제 어디서든 아이디어에 대비하라

언제 어디서 아이디어가 떠오를지는 아무도 모른다. 화장실에서 볼일을 보거나 샤워하는 시간도 방심해서는 안 된다. 아이디어는 의외로 매일 같은 시간을 보내는 장소에서 가장 잘 떠오른다.

예전에 내가 미국에 2년간 머물렀을 때 당시 NASA 화장실에는 항상 메모지와 펜이 비치되어 있었다. 그들은 화장실에서 문득 떠오른 아이디어가 위대한 발명의 시초가 될 수 있다고 생각했다. 실제로 학자 중에는 욕실에 방수 종이와 펜을 항상 준비해두는 사람이 많다. 조금은 과하게 보일 수 있지만, 이런 집착이 천재가 되는 필수조건인지도 모른다.

아이디어는 최초 3분이 골든 타임이다. 회의나 미팅에서 참석자들이 가장 집중하는 시간은 첫 3분과 마지막 3분이다. 바꿔 말하면 3분의 짧은 시간이 가장 강한 집중력을 발휘할 수 있는 소중한 시간이라는 의미다. 즉 자투리 시간에 그 어느 때보다 좋은 아이디어를 떠올릴 수 있다.

한 시간 넘게 책상 앞에 앉아 머리를 쥐어뜯을 때는 전혀 떠오르지 않다가 화장실에 앉아있는 몇 분 사이에 눈이 번쩍 떠지는 아이디어가 떠오르는 일은 그리 드물지도 않다. 3분 동안 생각했지만 좋은 아이디어가 떠오르지 않을 때는 일단 생각을 접고 머리를 식혀보자. 심호흡을 하거나 창문 밖의 풍경을 바라보며 기분을 전환하는 정도면 충분하다.

그리고 다시 생각할 때는 되도록 이전과는 전혀 다른 쪽으로 생각의 방향을 틀어보자. 주제를 바꾸면 뇌가 새로 힘을 얻어 다시 높은 집중력을 발휘한다. 마찬가지로 자투리 시간을 효율적으로 활용해서 사색을 즐기다 보면 어느 순간 깜짝 놀랄만한 획기적인 아이디어가 떠오를 것이다.

참신한 아이디어는 무언가에 열심히 집중했다가 잠시 머리를 쉬게 할 때 떠오르는 경우가 많다. 이 순간을 놓치지 말자.

순간 번뜩이는 직감을 잡아라

스포츠 분야의 지도자들은 '직감이 둔한 선수는 성공하지 못한다'고 딱 잘라 말한다. 또한 대기업을 경영하는 대표도 '직감을 이용할 줄 모르는 직원은 필요 없다'고 강조한다. 스포츠 세계든, 비즈니스 세계든 역시 직감은 없어서는 안 될 능력이다.

그런데 당신은 직감과 직감이 아닌 것을 구분할 수 있는가? 예를 들어 주사위를 던지기 전에 나올 숫자를 예측하는 감각은 직감이라고 하지 않는다. 주사위를 던지기 전에 나올 숫자를 예측할 근거가 전혀 없기 때문이다. 복권도 마찬가지다. 오로지 운에 맡길 수밖에 없으니 직감을 발휘할 여지가 없다. 복권에 당첨된 사람이 텔레비전 방송에 출연해서 "복권 발표 전날에 꿈을 꿨습니다. 꿈에 나온 신령님이 제가 산 복권이 당첨될 거라고 말씀하셨습니다"라며 소감을 말하는 장면을 본 적이 있을 것이다. 사실인지, 지어낸 이야기인지는 알 수 없지만 당첨된 후라면 무슨 말이든 할 수 있다.

그렇다면 경마는 어떨까? 경기 전 몸을 푸는 경주마를 보고 '오늘은 저 말이 잘 달릴 것 같다'라고 느꼈다면 그 감각은 직감이라고 부를 수 있을지도 모른다. 적어도 주사위나 복권보다는 직감이 발동했을 가능성이 크다. 다만 이 또한 원래의 직감과는 조금 차이가 있다.

진정한 직감이란 우수한 사람을 특출난 천재로 만들어 주는 감각이다. 아무것도 모르는 초보가 직감만 가지고 노벨상을 받는 일은 절대 일어나지 않는다. 해당 분야에 자신이 가진 모든 에너지를 쏟아부은 사람이 생각에 생각을 거듭했을 때, 갑자기 번개가 내려치듯 머릿속에 번쩍 떠오르는 것, 그것이 바로 직감이다.

한 분야의 프로가 되어야 뛰어난 직감도 발휘할 수 있다.

뉴턴은 우연히 나무에서 사과가 떨어지는 장면을 보고 만유인력의 법칙을 발견한 것이 아니다. 이전부터 뉴턴이 끊임없이 생각하며 만들어 놓았던 뇌 속 네트워크의 막힌 부분을 사과가 떨어지는 장면이 뚫어주었다고 봐야 더 정확하다.

아르키메데스도 목욕은 매일 했다. 그런데 어째서 그날, 그 순간에는 '유레카!(고대 그리스어로 찾았다는 의미)'를 외치며 왕관의 체적을 계산하는 방법을 떠올렸을까? 아르키메데스도 이미 생각에 생각을 충분히 거듭한 뒤였기 때문에 욕조의 물이 넘치는 모습을 보고 직감이 발동했던 것이다. 직감은 혁신적인 아이디어를 떠올리는 신경 네트워크의 마지막 한 줄기가 연결되는 순간에 발동한다. 직감은 절대 무(無)에서 생겨나지 않는다.

● 몸과 마음이 편안해야 직감이 발동한다

오스트리아의 유명한 작곡가이자 연주가였던 모차르트는 자서전에 이런 이야기를 남겼다.

> 마차를 타고 멀리 나가거나 식사 후에 산책할 때, 잠이 오지 않는 밤처럼 혼자 편안하게 있는 시간에 좋은 아이디어가 불쑥 떠오릅니다. 어차피 그런 아이디어가 어디서 어떻게 생겨나는지도 모르고, 일부러 떠올리려 해봤자 소용없습니다.

이 말에서 알 수 있듯이 직감은 수많은 생각을 거듭한 뇌가 포화상태에 빠져 잠시 기분 전환을 할 때 불쑥 머릿속에 떠오른다. 따라서 환경이 바뀌고 낯선 것을 마주한 순간에 떠오를 확률이 높다.

구텐베르크는 포도 압축기를 보고 처음으로 금속활자 인쇄술을 떠올렸다. 모차르트는 오렌지를 보고 그가 5년 전에 방문했던 나폴리를 떠올리며 오페라 〈돈 조반니〉의 칸타타를 작곡했다. 아인슈타인도 주로 샤워 중 수염을 깎을 때 아이디어가 떠올랐다고 한다.

앞서 말한 뉴턴도 만유인력의 법칙을 발견했을 당시 영국 전역에 흑사병이 돌아 케임브릿지 대학이 봉쇄되었고, 그 때문에 고향에 내려왔다. 평소와 다른 고향이라는 생활 환경이 자극이 되어 사과가 떨어지는 모습에 직감이 발동하지 않았을까?

나 역시 책상 앞에 앉아있을 때는 집필 주제가 잘 떠오르지 않는다. 그래서 주말에 꼼짝하지 않고 열 시간을 집필에 매달리다가 아이디어가 막히면 30분 정도 집 근처를 걷는 습관이 있다. 나에게는 걷기가 꽤 효과적인 기분 전환 수단이다. 때로는 하루에 세 번 걸을 때도 있다. 걷고 오면 새로운 아이디어가 다시 하나둘씩 떠오른다. 직감이 발동하고 있다는 증거다. 그런데 가끔 난처하게도 걷는 도중에 아이디어가 떠오를 때가 있다. 그때는 당황하지 않고 바로 멈춰 주머니에서 스마트폰을 꺼낸다. 그리고 메모 앱을 실행해서 아이디어를 옮겨 적는다.

생각이 막히면 환경을 바꿔서 긴장을 풀고 직감이 발동하기를 기다려

직감은 억지로 짜낼 수 없다.

보자. 절대 억지로 직감을 짜내려고 해서는 안 된다. 편안한 상태로 기다리다 보면 순간 반짝 떠오를 것이다.

● 취미나 여행도 직감을 발동시킨다

직감은 새로운 취미 생활이나 스포츠를 즐길 때, 한 번도 가 본 적 없는 장소에 갔을 때도 발동한다. 당신이 좋아하든 싫어하든 뇌는 그 순간에 확실한 자극을 받기 때문이다.

수학자 앙리 푸앵카레(Henri Poincare)는 집에 틀어박혀 푸크스 함수 연구에 몰두했지만 전혀 성과를 내지 못했다. 그러다 어느 날 여행을 가려고 마차에 발을 올린 순간 머릿속에 해결책이 번뜩 떠올랐다. 아인슈타인이 위대한 아이디어를 떠올린 순간도 자기 방에서 생각에 잠겨 있을 때가 아니라 레만 호수에서 배를 타고 낚시하던 도중이었다.

그래서 다음 페이지에 기분 전환 활동 50가지를 정리했다. 지금까지 해보지 않았던 활동 하나를 골라 퇴근 후나 주말을 이용해 기분 전환을 해보자. 이 목록이 당신의 기분 전환에 도움이 될 것이다. 다만 한 가지 당부하자면 메모지와 펜(아니면 스마트폰)은 반드시 몸에 지니자.

아인슈타인은 기분 전환 삼아 레만 호수에서 낚시 하던 도중에 위대한 아이 디어를 떠올렸다.

기분 전환 활동 50가지

① 죽방울 놀이하기
② 세미나 참가하기
③ 지금까지와 다른 장르의 책 읽기
④ 캐치볼 하기
⑤ 요트 타기
⑥ 디지털카메라에 몰두하기
⑦ 사원이나 절 찾기
⑧ 배드민턴 치기
⑨ 게임센터 가기
⑩ 새로운 맛집 탐험하기
⑪ 버드워칭(자연에서 새를 구경하는 일) 즐기기
⑫ 콘서트 관람하기
⑬ 미술관 관람하기
⑭ 정원 가꾸기
⑮ 와인 마시기
⑯ 목공 배우기
⑰ 바다 보러 가기
⑱ 합창단 가입하기
⑲ 시 쓰기
⑳ 제2외국어 배우기
㉑ 춤 배우기
㉒ 승마 배우기
㉓ 악기 배우기
㉔ 온천 가기
㉕ 재즈 듣기

㉖ 예능 프로그램 보기

㉗ 피트니스센터 다니기

㉘ 바비큐 파티 열기

㉙ 일기 쓰기

㉚ 대중목욕탕 가기

㉛ 프라모델 만들기

㉜ 경마장 가기

㉝ 요리하기

㉞ 장기나 바둑 배우기

㉟ 공원 산책하기

㊱ 고층 빌딩 옥상에 올라가 보기

㊲ 자전거 타기

㊳ 플라잉디스크 놀이 즐기기

㊴ 봉사활동 하기

㊵ 박물관 관람하기

㊶ 낚시하기

㊷ 차 마시기

㊸ 골프 연습장 가기

㊹ 볼링 치기

㊺ 조깅 하기

㊻ 그림 그리기

㊼ 테니스 치기

㊽ RC 비행기 날리기

㊾ 인테리어 바꾸기

㊿ 서점 가기

8-4

직감을 높여주는 직감 트레이닝

앞 장에서 설명했듯이 직감은 충분히 지식을 쌓은 뇌가 평소에는 깨닫지 못했던 사소한 정보를 파악하는 순간, 아무도 생각해 내지 못한 아이디어를 떠올리게 만드는 감각이다. 즉 직감이 발동하려면 뇌에 있는 센서를 민감하게 만들어서 눈앞을 스쳐 지나가는 아주 작은 단서 하나도 놓치지 말아야 한다. 역사상 가장 위대한 투자자로 기록될 조지 소로스 (George Soros)는 자서전 『조지 소로스』에 이런 말을 남겼다.

> 몸에 통증이 느껴집니다. 저는 동물적 감각이 꽤 발달한 편인데, 예전에 한창 펀드를 운용할 때는 등이 아파서 고생했습니다. 날카로운 통증이 시작되면 제 투자 목록 어딘가에 문제가 생겼다는 신호였죠.

자신의 직감을 믿고 자산을 운용한 소로스는 상상을 초월하는 엄청난 성공을 거두었다. 주가는 최첨단 컴퓨터를 이용해 아무리 과학적으로 분석해도 정확히 예측하기 힘들다. 언뜻 과학적인 투자 운용법과는 동떨어져 보이지만, 소로스가 가진 엄청난 양의 생각 데이터와 경험이 그의 직감을 뒷받침했기에 스스로 깨닫기 전에 직감이 먼저 투자 목록의 문제를 눈치채고 몸의 통증으로 그 사실을 경고한 것이다. 또한 소로스의 직감은 다시 이 통증을 투자 목록에 문제가 있다는 뜻으로 인지했다.

나는 여기서 소로스의 뇌가 가진 예리함에 주목했다. 즉 엄청난 양의 생각 데이터와 경험이 뒷받침하는 예리한 직감은 평소에 깨닫지 못한 논리의 모순을 간파하는 도구가 될 수 있다. 미국 경제계 역사상 가장 유능한 경영인의 한 사람이라는 찬사를 받는 제너럴 일렉트릭의 전 CEO 잭 웰치(Jack Welch)는 이런 말을 한 적이 있다.

나는 중요한 결단을 내릴 때 항상 감에 의존합니다. 과거를 분석해서 내릴 수 있는 것은 대부분 별로 중요한 결단이 아닙니다.

중요한 결단일수록 직감의 힘이 큰 도움이 된다. 따라서 평소에 우리의 뇌를 올바른 직감을 발동할 수 있는 예리한 뇌로 만들어두어야 한다.

많은 경험을 쌓은 달인의 직감은 놀라울 정도로 예리하다.

● 직감을 키우는 직감 트레이닝

내가 개발한 직감 트레이닝을 소개한다. 그림39에는 다섯 가지의 질문이 나와 있다. 아침에 눈을 뜨면 마음을 차분히 하고 감에 의존해서 이 질문에 답해보자. 되도록 이 표를 복사해서 머리맡에 놓아두었다가 깨어난 직후에 5분간 명상을 통해 마음을 정돈하고 질문에 답하도록 한다.

먼저 날짜를 적고 몸 상태, 정신 상태, 수면에 대해서 10점 만점으로 점수를 매긴다. 물론 점수가 높을수록 좋은 상태를 의미한다. 그다음 마찬가지로 10점 만점으로 다섯 가지 질문에 답한다. 그 과정에서 갑자기 떠오른 생각이 있으면 오늘을 예측하다 칸에 적는다. 아침에 할 일은 이것으로 끝이다.

다음은 자기 전에 할 일이다. 하루를 마치고 잠자리에 들기 전에 그날 있었던 일을 머릿속에 다시 떠올리며 아침과 똑같이 종이에 적힌 다섯 가지 질문에 10점 만점으로 점수를 매긴다. 이때 특별히 적어두어야 할 일이 있었다면 오늘의 감을 돌아보다 칸에 적는다.

다 적었으면 아침과 밤의 총점을 계산한다. 당연히 총점이 높을수록 그날 하루를 알차게 보냈다는 의미다. 이어서 자기 전 점수에서 아침의 점수를 빼보자. 이 점수 차이가 작을수록 그날 아침에 감이 좋았다는 말이다. 점수 차이를 10점 이내로 좁히도록 노력해보자.

점수 차이가 마이너스라면 안 좋은 일이 예상보다 많았던 날이고, 플러스라면 예상보다 좋은 일이 많았던 날이다. 이런 간단한 직감 트레이닝으로도 당신의 직감을 키울 수 있다.

그림 39 직감 트레이닝

날짜 ___년 __월 __일

몸 상태 _____점   정신 상태 _____점   수면 _____점

	기상 후(예측)	취침 전(결과)
1. 오늘은 반가운 소식이 들려올 것이다	_____점	_____점
2. 오늘은 평소보다 일이 순조로울 것이다	_____점	_____점
3. 예상하지 못한 좋은 일이 생길 것이다	_____점	_____점
4. 오늘은 평소보다 운이 좋을 것이다	_____점	_____점
5. 일과를 마치고 나면 오늘은 좋은 하루였다고 생각할 것이다	_____점	_____점

※ 1~10점으로 기입   총점 _____점   총점 _____점

점수 차 _____점

오늘을 예측한다(기상 후에 작성)

오늘의 감을 돌아본다(취침 전에 작성)

아침에 이 시트를 작성하면 그날의 몸 상태를 파악하는 동시에 직감이 또렷한 상태인지도 알 수 있어요!

메모에서 뜻밖의 아이디어를 얻는다

다빈치, 다윈, 뉴턴, 에디슨, 아인슈타인, 피카소와 같은 천재들은 상상을 초월할 만큼의 메모를 남겼다. 메모 귀신이라도 붙었나 생각할 만큼 천재들은 메모에 집착했다. 우리도 이 방법을 활용해보자. 제아무리 창의력이 뛰어나도 메모하는 습관이 없는 사람은 시작부터 상당히 불리하다. 마치 빈 유리병에 곤충을 잡아 가두듯 번뜩이는 아이디어를 머릿속 열리지 않는 문 안쪽에 봉인해버린다.

하버드대학의 조사에 따르면 메모하는 습관이 있는 사람이 그렇지 않은 사람보다 더 만족스러운 인생을 보낸다고 한다. 그림 40은 한 조사를 정리한 것이다. 이 조사에서는 '당신의 인생은 행복했는가?'를 묻고 '몸도 마음도 만족스러웠다, 그럭저럭 만족스러웠다, 몸과 마음 중 적어도 하나는 만족스럽지 못했다'라는 대답 중에서 하나를 고르게 했다. 그 결과 '몸도 마음도 만족스러웠다'라고 대답한 사람은 겨우 3퍼센트에 불과했다. 다만 그 3퍼센트의 사람은 모두 '메모하는 습관'이 있었다.

참고로 '그럭저럭 만족스러웠다'라고 대답한 사람은 약 30퍼센트였고 '몸과 마음 중 적어도 하나는 만족스럽지 못했다'고 대답한 사람은 67퍼센트였으며, 두 그룹에는 '메모하는 습관'이 있는 사람이 거의 없었다.

● 메모는 어떤 방식으로 하면 좋을까?

메모는 노트에 적어도 좋고 스마트폰의 메모 앱을 이용해도 상관없다. 기본적으로는 본인 취향에 맞춰 노트에 자유로운 형식으로 작성하면 된다. 다만 글자만 적을 수 있도록 줄이 쳐진 노트는 아이디어를 떠올리기에 적합하지 않다. 인간은 줄이 쳐진 노트를 보면 정해진 작성 방식에 얽

179

그림 40 당신의 인생은 행복했는가?

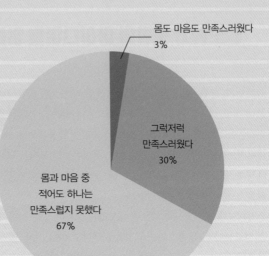

몸도 마음도 만족스러웠다
3%

그럭저럭
만족스러웠다
30%

몸과 마음 중
적어도 하나는
만족스럽지 못했다
67%

매여 뇌가 가진 자유분방한 능력을 스스로 억누른다.

토니 부잔(Tony Buzan)은 중심에서 방사 형태로 뻗어나가며 생각을 발전시키는 기술인 마인드맵의 창시자다. 마인드맵은 뇌를 끊임없이 생각하게 만든다. 우선 줄이 없는 노트와 일곱 가지 색의 사인펜을 준비한다. 그다음 노트 가운데에서 시작해 바깥쪽을 향해 아무런 제약 없이 머릿속에 떠오르는 생각을 자유롭게 적는다. 글자로만 표현하던 방식에서 벗어나 떠오르는 생각을 그림이나 이미지의 형태로 그려보자. 마인드맵은 아이디어를 생성하는 훈련이 아니라 뇌의 속박을 푸는 운동이다.

반드시 마인드맵일 필요는 없지만 단순한 공상만으로는 기발한 아이디어를 떠올리기 쉽지 않다. 그러니 머릿속으로 하나의 주제를 정해 떠오르는 생각을 그대로 노트에 옮겨보자. 전혀 관련이 없는 아이디어가 섞여 있어도 신경 쓰지 말고 일단 좋아하는 색깔의 펜을 들어 손이 움직이는 대로 적는다.

이때 생각뿐 아니라 감각도 형태로 표현한다. 소리, 감촉, 체감 온도, 맛, 향기의 이미지도 하나하나 그림으로 표현해보자. 우리의 뇌는 하나의 정보가 떠오르면 '연상'의 힘을 이용해 생각을 방사 형태로 뻗어가며 놀라운 아이디어를 마구 쏟아낸다. 따라서 반드시 매일 혼자서 아이디어를 생각하는 시간을 가져야 한다.

여기서 핵심은 적은 노트를 파일로 만들어서 보관해두었다가 어느 정도 시간이 흐른 뒤에 다시 읽어보는 것이다. 아이디어를 떠올리는 작업과 그 아이디어를 비즈니스로 활용하는 작업 사이에는 잠시 시간을 두는 것이 좋다.

또한 메모를 할 때는 모차르트나 슈베르트와 같은 클래식 음악이나 좋아하는 이지 리스닝 음악을 들으며 아이디어를 떠올리는 방법도 도움이 된다. 다만 텔레비전을 보거나 소음이 뒤엉킨 정신 없는 상황은 피하도록 하자.

부잔의 아이디어맵 기록 예

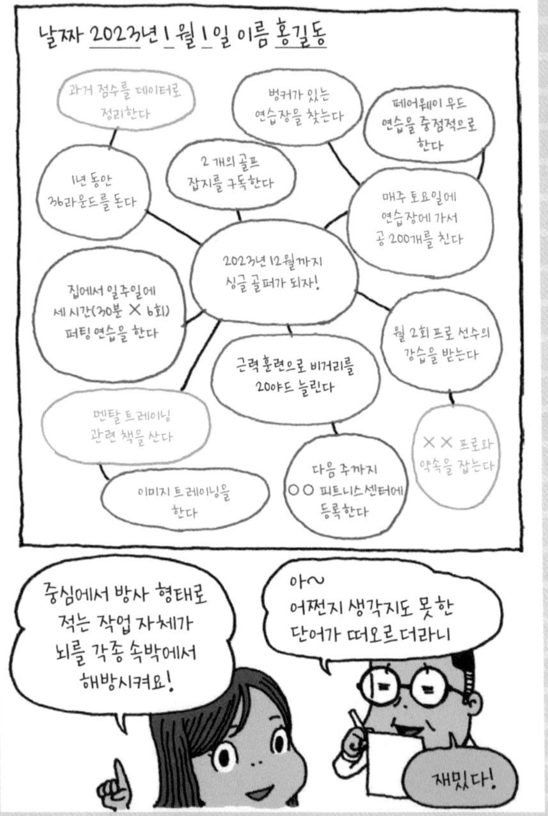

날짜 2023년 1월 1일 이름 홍길동

- 과거 점수를 데이터로 정리한다
- 벙커가 있는 연습장을 찾는다
- 페어웨이 우드 연습을 중점적으로 한다
- 1년 동안 36라운드를 돈다
- 2개의 골프 잡지를 구독한다
- 매주 토요일에 연습장에 가서 공 200개를 친다
- 집에서 일요일에 세 시간(30분 × 6회) 퍼팅 연습을 한다
- 2023년 12월까지 싱글 골퍼가 되자!
- 월 2회 프로 선수의 강습을 받는다
- 근력 훈련으로 비거리를 20야드 늘린다
- 멘탈 트레이닝 관련 책을 산다
- 다음 주까지 ○○ 피트니스센터에 등록한다
- ×× 프로와 약속을 잡는다
- 이미지 트레이닝을 한다

중심에서 방사 형태로 적는 작업 자체가 뇌를 각종 속박에서 해방시켜요!

아~ 어쩐지 생각지도 못한 단어가 떠오르더라니

재밌다!

편안한 마음으로 떠오르는 생각을 적어보자.

생각을 그림으로 표현하라

번뜩이는 아이디어는 보통은 글자가 아니라 이미지로 떠오른다. 따라서 생각을 그림으로 표현하는 습관이 생기면 순간적으로 떠오른 아이디어를 붙잡을 수 있는 확률이 높아진다. 인간의 우뇌가 가장 많이 발달하는 시기는 초등학교에 들어가기 전인 만 5~6세 정도라는 주장이 있다. 그림 그리기를 하며 많은 시간을 보내는 유치원생의 우뇌는 이 시기에 놀랄 만큼 발달한다.

그러다 초등학교에 입학하면 갑자기 문자 교육이 시작된다. 그 이후로 대학을 졸업할 때까지 16년간 혹은 더 오래 좌뇌가 혹사당하는 날들이 이어진다. 이 상황은 사회인이 되어도 달라지지 않는다. 솔직히 이런 상황에서 참신한 아이디어를 내라고 말하는 것 자체가 억지다.

● 언제 어디서든 그림을 그리자

그래서 나는 사람들에게 그림 41에 나와 있는 '연상 이미지 작성 시트' 활용을 추천한다. 방법은 어렵지 않다. 하나의 주제에 관해 아이디어를

그림 41 연상 이미지 작성 시트

날짜 _____년 _월 _일 날씨 _____

주제 _____

1	2	3
4	5	6
7	8	9
10	11	12

비고

무언가 떠올라서 그림을 그렸다면 그림 아래에 짧은 메모도 달아둔다.

낸다는 생각으로, 우선 가장 위에 있는 주제 칸에 구체적인 주제를 적는다. 그리고 주제와 관련해서 머릿속에 떠오르는 이미지를 계속해서 그려 넣으면 된다.

마인드맵과 마찬가지로 일곱 가지 색의 사인펜을 이용해서 떠오르는 이미지를 자유롭게 그린다. 한 장의 연상 이미지 작성 시트에는 12개의 이미지를 그릴 수 있다. 생각을 계속 이어가며 머릿속에 떠오르는 이미지를 차례대로 그려보자. 내가 권장하는 목표는 하루에 세 장, 총 전부 36개의 이미지다. 나는 30초에 하나씩 그리는 속도가 가장 편하다. 실제로 펜을 움직이는 시간은 기껏해야 20초고, 10초는 추가 설명을 적는 일에 쓴다.

예를 들어 다음 주 영업 회의에서 프레젠테이션을 해야 한다면 주제 칸에 '영업 실적을 30퍼센트 올리는 구체적인 방법'이라고 적는다. 그리고 생각에 잠기면 한동안 방문하지 않았던 거래처 담당자의 얼굴이 떠오른다. 아니면 상품의 이벤트 아이디어가 떠오를 수도 있고, 뜬금없이 스마트폰 케이스 디자인이 떠오를 수도 있다. 이런 식으로 그림과 글자로 시트를 전부 채울 때까지 생각을 계속하자.

연상 이미지 작성 시트 몇 장을 수첩에 끼워두었다가 자투리 시간에 틈틈이 그림과 글자로 아이디어를 기록해보자. 그 과정에서 당신의 우뇌는 점점 발달하고, 참신한 아이디어가 꼬리에 꼬리를 물고 떠오를 것이다.

아이디어는 이미지로 떠오를 때가 많다. 잊어버리기 전에 기록해두자.

8-7

제한은 아이디어의 어머니

번뜩이는 아이디어가 불편이나 제한에서 탄생한다는 사실을 알고 있는가? 만약 돈이 남아돌 정도로 많다면 절약하는 지혜는 짜낼 필요가 없다. 돈이 부족해 생활이 불편해져야 사람들은 비로소 지출을 줄이는 방법을 생각하게 된다.

아이디어도 마찬가지다. 과거의 위대한 아이디어들은 대부분 불편과 제한이 있었기 때문에 탄생했다. 예를 들어 즉석 사진기는 폴라로이드의 창업자 애드윈 랜드(Edwin Land) 박사의 일상에서 일어난 아주 사소한 일을 발단으로 탄생했다. 어느 날 랜드 박사가 사랑스러운 딸의 사진을 찍었다. 그런데 사진을 다 찍은 순간 딸이 박사에게 외쳤다.

아빠, 빨리 사진 보여줘!

이 한마디가 즉석 사진기 발명으로 이어졌다. 처음으로 고층 빌딩을 설계한 사람도 비싸고 좁은 땅에 어떻게 하면 더 많은 사무실 공간을 만들 수 있을지를 고민했을 것이다. 그 건축가가 넓은 땅을 찾을 생각만 했다면 건물을 위로 올리겠다는 아이디어는 애당초 떠올리지 못했을지도 모른다.

불가능할 것 같은 일은 사실 대부분 가능하다. 상식적으로 바꿀 수 없는 것을 바꿀 때 혁신적인 아이디어가 생겨난다. 우리는 주변에서 '혁신적인 신제품을 개발하고 싶지만 예산이 부족하다, 흑자를 내기에는 식당 공간이 너무 협소하다, 가게를 내기에는 위치가 좋지 않다'라며 불만을 늘어놓는 사람들을 자주 본다. 하지만 반대로 생각하면 이 같은 제한이

'제한'된 상황이 획기적인 아이디어를 부른다.

참신한 아이디어를 탄생시킬 힌트가 될 수도 있다.

예술가 중에는 아이디어를 낼 에너지를 얻기 위해 스스로 제한 조건을 부여하는 사람도 많다. 세계적인 작곡가 스티븐 손드하임(Stephen Sondheim)이 이런 말을 한 적이 있다.

> 바다를 주제로 작곡해달라는 의뢰를 받으면 나는 끝도 없는 생각에 빠진다. 하지만 새벽 3시에 술에 취해 비틀거리는 빨간 드레스의 여성을 주제로 발라드를 만들어달라고 하면 영감이 솟구친다.

또한 시인 로버트 프로스트(Robert Frost)는 이렇게 말했다.

> 자유시를 쓰는 일은 네트가 없는 코트에서 테니스를 치는 것과 마찬가지다.

만약 당신이 문학상 후보로 거론될 만한 소설을 쓰고 싶다면 우선 주제부터 명확하게 정해야 한다. 주제가 제한적일수록 독창성이 필요해지고 참신한 아이디어가 떠올라 멋진 작품을 쓸 수 있다. 일부러 제한 조건을 두고 생각하는 방식이 오히려 반짝이는 아이디어를 끊임없이 샘솟게 한다.

주제의 범위를 좁히면 오히려 생각하기 편하다.

미로의 정답

출발→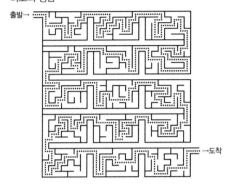→도착

주요 참고 도서

R. N. 신가―, 『スポーツトレーニングの心理学』, 大修館書店, 1986.

スポーツインキュベーションシステム, 『図解雑学スポーツの科学』, ナツメ社, 2002.

大森荘蔵. 松原仁. 大築立志. 養老孟司. 酒田英夫. ばこ総合研究センター. 『談. 編集部 著, 『複雑性としての身体―脳・快楽・五感』, 河出書房新社, 1997.

早稲田大学スポーツ科学部 編,『教養としてのスポーツ科学』, 大修館書店, 2003.

米山公啓, 『勝つためのスポーツ脳』, 日刊スポーツ出版社, 2010.

高島明彦 監修, 『面白いほどよくわかる脳のしくみ』, 日本文芸社, 2006.

宮下充正, 『勝利する条件―スポーツ科学入門』, 岩波書店, 1995.

徳永幹雄. 山本勝昭. 田口正公, 『Q&A実力発揮のスポーツ科学』, 大修館書店, 2002.

杉原 隆. 工藤孝幾. 船越正康. 中込四郎, 『スポーツ心理学の世界』, 福村出版, 2000.

日本スポーツ心理学会 編,『スポーツ心理学事典』, 大修館書店, 2008.

チャールズ・A ガーフィールド. ハル・ジーナ・ベネット 著, 荒井貞光. 松田泰定. 東川安雄. 柳原英児 訳, 『ピークパフォーマンス』, ベースボール・マガジン社. 1988.

佐々木正人, 『アフォーダンス―新しい認知の理論』, 岩波書店, 1994.

大木幸介, 『やる気を生む脳科学』, 講談社. 1993.

桜井章一, 『負けない技術』, 講談社, 2009.

金井壽宏, 『働くみんなのモティベーション論』, NTT出版, 2006.

ジム・レーヤー 著, 青島淑子 訳 『メンタル・タフネス』 阪急コミュニケーションズ, 1998.

ジム・レーヤー 著, スキャンコミュニケーションズ 訳, 『スポーツマンのためのメンタル・タフネス』, 阪急コミュニケーションズ, 1997.

児玉光雄, 『この一言が人生を変えるイチロー思考』, 三笠書房, 2009.

児玉光雄, 『わかりやすい記憶力の鍛え方』, SBクリエイティブ, 2018.

JOUTATSU NO GIJUTSU [KAITEI BAN]

하루 한 권,
실력 향상의 길

초판 인쇄 2023년 6월 30일
초판 발행 2023년 6월 30일

지은이 고다마 미쓰오
옮긴이 이은혜
발행인 채종준

출판총괄 박능원
국제업무 채보라
책임편집 권새롬
디자인 서혜선
마케팅 문선영·전예리
전자책 정담자리

브랜드 드루
주소 경기도 파주시 회동길 230 (문발동)
투고문의 ksibook13@kstudy.com

발행처 한국학술정보(주)
출판신고 2003년 9월 25일 제406-2003-000012호
인쇄 북토리

ISBN 979-11-6983-370-7 04400
      979-11-6983-178-9 (세트)

드루는 한국학술정보(주)의 지식·교양도서 출판 브랜드입니다.
세상의 모든 지식을 두루두루 모아 독자에게 내보인다는 뜻을 담았습니다.
지적인 호기심을 해결하고 생각에 깊이를 더할 수 있도록, 보다 가치 있는 책을 만들고자 합니다.